ADA

青岛里院建筑

北京建筑大学建筑设计艺术研究中心
世界聚落文化研究所

中国建筑工业出版社

学术指导：王　昀

主编：张捍平

编委（按姓氏拼音首字母排列）：

郭　婧　　黄　吉　　贾　昊　　李　喆

刘　晶　　张捍平　　赵冠男　　赵璞真

序

　　青岛里院建筑是 20 世纪一二十年代开始，伴随着德国和日本殖民城市的发展而产生的一种住宅建筑形态。据调查，目前现存的里院建筑大约有 275 个。其特征是围合式的院落形态，建筑本身是由当时的德国、俄国、日本及中国的建筑师所设计。

　　里院建筑产生的背景是伴随着殖民城市的扩张所带来的人口迅速膨胀，为解决急速增加的人口的居住问题所采用的一种住宅布局形式。这样的一种围合式的院落布局形式令人不禁想起产生于 19 世纪后半叶位于法国埃纳省吉斯市的法米里斯泰尔集合住宅。那几栋住宅的产生是由当地工厂主巴蒂斯特·安德烈·果丹设计并兴建的，其目的是为解决当时迅速集结到城市的工人的居住问题。据说当时那几栋院落式住宅为 1000 人提供了 300 多套的住房。连续的三个围合的院落布局，以连廊彼此相连，且周边还配有剧场、学校和幼儿园。而住宅所围合的中间院落是居民集会和举行庆典的场所。同时由于中心院落的存在，也使得生活在其中的居民形成公共的心态，并使彼此之间的行为受到制约，进而也保证了整体秩序得以维持。如此这般以围合形成的里院式布局，据说还源于傅立叶的一种乌托邦的建造思想，即通过这样的一种围合方式，为工人阶级形成一种合作社的组织形态。

　　这样的一种里院式的围合形态同样地还不禁令人想起存在于中国福建一带，作为客家的典型居住形态——圆楼和方楼的围合式布局。圆楼和方楼的围合式布局是为了维持一个家族生命共同体的生存，并使家族形成一个完整的合作形态。尽管已经在中国民间存在了几百年，却与几百年之后依据傅立叶思想所建造的法米里斯泰尔集合住宅有惊人的相似。在客家的方楼和圆楼里我们同样可以看到居民的整体秩序。由住居所围合成的圆楼和方楼的中间部分也是整个居民们的一个公共的活动场所和公共设施的安置地。

　　福建的圆楼和方楼迄今为止已有几百年的历史，位于法国埃纳省吉斯市的法米里斯泰尔集合住宅距今也有一百多年的历史，而几近百年历史存在的青岛里院建筑至今作为一种居住形态仍然服务着居民并维持着其生命力的延续。在这里，我们看不到所谓东方和西方、传统和现代的巨大分歧，我们看到的只有为了解决生活问题所表现出的智慧与思想。

　　伴随着青岛城市新老建筑的加速更替，青岛里院建筑作为一种居住形态正在不断地被另外一种居住形态所替代。里院式的居住布局是否与我们这个时代的居住方式相适应？或者作为一种合作体或称之为共同体的一种居住形态，是否已经失去了存在的意义？我们在此姑且不去争论，但里院建筑作为一个曾经的时代的遗迹存留，在其即将退出历史舞台的前夜，将它记录下来的工作我们的确感到已经刻不容缓。

　　本着这样的思考，北京建筑大学建筑设计艺术研究中心的师生们对青岛现存的 275 个里院建筑进行了全面的调查，并进行了重点测绘。相关的部分内容谨此呈现。

王昀

2015 年 4 月于北京建筑大学

青岛位于山东半岛南部，东、南
濒临黄海，东北与烟台毗邻，西
与潍坊相连，西南与日照接壤。
总面积为 11282 平方公里。其中，
市区分为市南、市北、李沧、崂山、
黄岛、城阳六个区，共 3293 平方
公里；远郊又辖即墨、胶州、平度、
莱西四市，共 7989 平方公里。

青岛卫星地图（引自百度地图
http://map.baidu.com/）

目 录

第 1 章 青岛里院的概念及形成发展概述　　1

　1.1 里院概念与分类　　2

　1.2 青岛里院的形成与发展　　2

　1.3 影响里院形成的相关因素　　4

第 2 章 对于青岛里院的调查　　7

　2.1 调查过程　　8

　2.2 调查方法　　10

　2.3 调查结果　　10

第 3 章 三十三个案例　　27

　1. 武定路 5~7 号　贻清里　　28

　2. 长山路 26 号　京达里　　38

　3. 易州路 25 号　　42

　4. 东阿路 16 号　　48

　5. 北京路 17 号　　52

　6. 中山路 87 号　　60

　7. 青城路 3 号　九洪里　　66

　8. 宁波路 28 号　元吉里　　76

　9. 潍县路 19 号　　86

　10. 即墨路 13 号 福寿新邨　　92

　11. 北京路 5 号　大鸿泰　　100

　12. 天津路 23 号　元善里　　106

　13. 博山路 19、21 号　　112

　14. 吴淞路 5 号　　120

　15. 中山路 101 号　　124

　16. 芝罘路 42、50 号　　128

　17. 海泊路 23 号　立德里　　138

　18. 河南路 35、37 号　　144

　19. 高密路 56 号　广兴里　　150

　20. 芝罘路 6 号　安庆里　　160

　21. 四方路 19 号　平康东里　　172

　22. 陵县路 43、45 号　　186

　23. 河南路 43 号　　192

　24. 宁波路 27 号　　196

　25. 博山路 9 号　　200

　26. 保定路 10 号　里院客栈　　208

　27. 上海路 42 号　裕德里　　212

　28. 高苑路 3 号　　218

　29. 东平路 37 号　文兴里　　222

　30. 中山路 200 号　　232

　31. 宁波路 37 号　起业里　　240

　32. 博山路 92 号　　246

　33. 黄岛路 17 号　平康五里　　250

第 4 章 研究分析　　263

　青岛大鲍岛里院形制探究　　264

　青岛里院建筑平面形态的分类研究　　266

　青岛里院的构成之入口分析　　268

　青岛里院的构成之楼梯分析　　270

　青岛里院的构成之外廊分析　　272

　青岛里院的构成之屋顶分析　　274

　青岛里院结构形式的演变　　276

本书执笔人名单一览　　278

后记　　279

第 1 章 青岛里院的概念及形成发展概述

在对里院建筑进行详细的介绍和分析之前，我们有必要先对里院的概念及其形成和发展的历史进行简要的梳理。本章将对里院概念的界定、里院的形成与发展、影响里院形成发展的相关要素以及建筑文化背景等方面进行概述。

1.1 里院概念与分类

1.1.1 青岛民居的基本类型

青岛民居的基本类型可划分为四类。第一类是以单体为特征的独栋楼，其中分成两种居住方式，一种是一家独居的，另一种是两家居住在一起，楼上、楼下各住一家，类似于我们今天叠拼的居住方式。第二类是平民院，大多建设于20世纪30年代左右，是一批为照顾低收入者而建造的住宅，房租低廉。这种住宅的标准很低，首层带吊铺，前后还有一道墙分开，从剖面上看住宅分成四户人家。房间间距只有3米左右。第三类是棚户，是以车夫等体力劳动者为代表的底层劳动人民临时搭建的简易住宅，如挪庄。第四类是里院，简单来说，里院就是一种融合了中式四合院和西方商住式公寓建筑风格的建筑样式。里院大多平行街道而建，由围合内向的院落空间组织，中心形成1个大院，建筑为2~3层。里院对外封闭，一般只在沿街设一处或几处通道对外联系，因此里院内部院落对住户具有很好的安全性，增加了邻里交往的机会。

1.1.2 里院的概念界定

"里"在中国古代是居民聚居之处，青岛通常指的是居民院。在《青岛市志·城市规划建筑志》中称之为周边式住宅。虽然现在人们习惯性地称呼这类建筑为里院，但实际上，"里"和"院"是出于不同目的而设计的两种建筑，"里"最初是倾向于为商住结合功能而设计的，而"院"则是倾向于为居住功能而设计的，因为"里"和"院"在最初功能考虑上的设计偏向不同，所以造成了它们建筑形式上的差异。

从居住功能出发而产生的"院"，沿用了"里"的模式，一般情况下规模普遍要比"里"大得多，内院的公共区域则相较要小，经常是由众多小院组成的多进大套院。1个大的"院"群落，通常设置3~4个主要的出入口，每个出入口处设置1个公用的自来水龙头，在每个小院内设置1个厕所，而房间设置则基本上与"里"一样。

1.1.3 里院的类型

根据功能和布局可将里院建筑分为以下两种类型：

第一种是商住结合里院，一层为对外的商业店铺，二层为住宅，住宅需要从门洞进入院里通过楼梯进入。第二种是纯住宅功能的里院，一层没有对外的商业店铺，立面以开窗为主，一层与二层住户房间的入口都是朝院内的。

1.2 青岛里院的形成与发展

1.2.1 里院建筑的形成

青岛里院建筑，最早起源于20世纪初"大鲍岛"中国城内。1898年德国对青岛进行最早的城市规划时，以观海山为界，将观海山以北的区域划为华人区，即为"大鲍岛"。观海山以南划为欧人区，不允许华人在欧人区内建造住居。所以大量的华人实际上是居住在被称为

即墨路 25 号院具有比较典型的里院特征。方正的总图形态，2 层的建筑层数，内向的院落以及二层的环形连廊，木质栏杆，Y 字形支架，这些都是青岛里院典型的构成要素。

图1-1 2001年谷歌地球（GOOGLE EARTH）中辽宁路片区的里院状态

图1-2 2005年谷歌地球（GOOGLE EARTH）中海关后片区的里院状态

图1-3 2005年谷歌地球（GOOGLE EARTH）中西大森片区的里院状态

"大鲍岛"的中国城内。也正是在这样的历史条件下，为了解决人们的居住问题，建筑在借鉴了西方商住式公寓楼房的建筑特点的同时，又融合了中国四合院的建筑传统式样，所以产生了以围合形式作为基本形态的集聚的居住样式。而这样的一种居住样式即为本书所研究的青岛旧城独特的居住建筑形式——里院建筑。

1.2.2 里院建筑的发展与现状

青岛里院建筑经历了不同时期的建设，形成了青岛特有的具有殖民特色的居住形态，是青岛老城区城市肌理的重要组成元素。青岛原有里院分五大片区：云南路片区、海关后片区、西大森片区、胶州路中心片区、东镇片区。

改革开放后，伴随着中国城镇化的高速发展，青岛的里院建筑正在迅速消失。2001年辽宁路周边地区（图1-1）开始进行改造，日本侵占时期商住里院建筑街区被拆除。2006年"青岛小港湾改造项目"正式启动，"海关后"的里院建筑被大面积拆除，这一区域的里院曾是青岛里院群落的重要组成部分，曾是最大程度保留里院建筑旧有生活状态的街区（图1-2）。随后西大森片区、东镇片区也遭到严重拆毁（图1-3）。2007年的西部旧城改造计划中，云南路片共改造10个街坊，大致范围为观城路以南，汶上路以北，寿张路以西，嘉祥路以东范围内的里院被拆除。2010年青岛东西快速路的修建，导致李村路和北京路区域的里院被拆除。2012年12月，中山路改造工程启动，改造的总体规划范围西至火车站、东至安徽路、北至快速路三期、南至海边，改造范围内的里院遭到了破坏。同年，潍县路、博山路、海泊路片区也被列入改造范围，青岛里院仅存的较完整的四方路片区也受到威胁。

1.3 影响里院形成的相关因素

1.3.1 地理位置及气候条件

青岛市地处山东省西南端，东经119°30′~121°00′，北纬35°35′~37°09′。地理及气候条件对里院建筑布局的影响，主要表现在建筑朝向和门窗开洞方面。里院建筑通常坐北朝南，北侧立面开窗尺寸较小，从而避免冬季西北方向的寒冷气流，院落的设置则有利于夏季通风纳凉。

青岛是滨海丘陵地貌，地势东高西低，里院建筑多顺应地势进行建造，由于道路坡度较大，往往出现锐角的街角空间，所以在里院的总平面布局当中，可以看到很多利用自然地形所形成的锐角空间和异形空间。同时在里院建筑当中，由于高差变化较大，造成空间上的错层，可以看到很多巧妙利用地形的实例，例如覆土、错层等手法的运用，规模最大的里院"广兴里"就利用地形特点采用错层的方式妥善处理了道路和建筑的关系。所以坡度和高差这两种因素对于里院建筑的空间形态和布局朝向产生了较大的影响。

1.3.2 人口规模要素

本书对里院按建设时间进行了梳理，通过比较各个里院建设时的年代背景、人口变化情况对里院建设产生的影响作了整体的分析。

青岛里院建设的高峰主要有两个时期，都是以人口的聚集增长为时代背景。

第一个时期是1897年德国侵占青岛时期，城市建设和交通运输业蓬勃发展，青岛市区的华人人口达到1.4万。1900年德国对青岛进行城市总体规划，规划实行欧华分区制，土地强行买断和村庄迁移政策，造成了大量华人聚集在"大鲍岛"中国城内，此时对于一种可以满足大量人口的高密度住宅形式的需求，成为了里院最初建设的人口和时代背景。

第二个时期是日本第一次侵占时期（1914~1922年），殖民当局宣布青岛对日本本土居民开放，大量日本移民迁居青岛。据历史记载，1913年市区人口为5.33万人，其中外国人2407人，到1918年，市区人口上升到7.88万人，其中日本移民2万余人。这一时期里院的建造活动主要集中在辽宁路、聊城路和胶州路一带。无棣一路至无棣四路之间形成了以里院式住宅为主的居住区，观象山小住宅区内也有少量的里院式住宅在这一时期兴建。

1938年1月，日本第二次侵占时期，战争导致城市人口锐减，市区人口由1936年统计中记载的57万余人减少到1943年统计中记载的44.15万人。青岛里院的建设也几乎停滞。

青岛里院的大体规模形成于1922年之前，1933年青岛社会局曾作过统计，当时全市共有506个里院，房间16701间，住户10669家。多为一户一间，部分是一户两间。"里"以一门一窗为一间，一间约18平方米。1948年达到760个里院。另外1980年青岛建筑普查统计结果显示，当时"里"的数量达到近600个，"院"的数量达到近200个。

1.3.3 建筑法规

1898年10月11日，德国当局颁行《胶澳总督辖区城市设施建设临时管理条例》，对建筑样式、密度与容积率作出了明确规定，所有里院建筑必须按照法规执行建造。法规规定建筑物的高度不得超过18米，层数在3层以下，建筑占地面积不超过宅基地面积的2/3，相邻房屋距离大于等于3米，开窗墙面间距至少是4米，并且市区内不允许办工业，所以构成了目前里院建筑多为2~3层的建筑高度（图1-4）。

《建筑监督警察条例》作出的相关规定是：①建筑须满足卫生、交通、强度和防火要求；②建筑物的外观设计要与其在"相关城市部分的特点"相匹配；③同一条路上不得建造同一样式的建筑；④在"欧洲人城区"的商业区内建筑要按照欧洲统一的风格设计，不许建造中式风格房屋，建筑占地面积最大不得超过建筑用地面积的60%；⑤别墅区建设"乡村农舍风格的建筑"，最大建筑占地面积不得超过建筑用地面积的40%，并为绿化面积所包围，高度不超过2层。同时，为了避免住房过于拥挤，确保房屋建筑样式，对于请照盖房的人，在盖房前必须出示详细的房屋图纸，报请青岛工务局批准。建筑计划如果违反建筑规章制度，或采用材料质量达不到标准，当局有权勒令停建。

图1-4 芝罘路与海泊路交叉口附近的里院与新建居民楼，里院多为2~3层，斜坡红色瓦顶，与新建的居民楼形成对比

第 2 章　对于青岛里院的调查

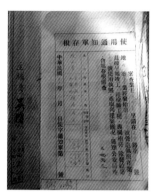

图 2 -1 芝罘路 9 号地块的历史档案记录

图 2 - 2 泰山路附近正在拆除的里院，图片拍摄于 2013 年 9 月 27 日

图 2 - 3 对于观城路附近里院情况和居民的调查

2.1 调查过程

对于青岛里院的调查研究，起始于 2012 年。通过对已有文献、出版物、网络信息的查阅对青岛里院的相关信息进行搜集和整理。从 2013 年 3 月开始，对青岛的里院建筑进行了初步的整体性调查。调查涉及历史资料、里院的现存状况、实地考察、图像记录、入户采访和历史图纸收集。在此基础上，又通过卫星照片的逐一查找，确定了青岛市内现存所有具有里院结构特征的民居建筑并分别于 2014 年 7 月 13 日 ~7 月 16 日和 2014 年 7 月 24 日 ~7 月 30 日两次赴青岛进行了田野调查，至 2014 年 7 月 30 日最后一次实地调查结束，共实地调查了 308 个民居建筑，其中里院建筑 275 个。

本书中对于青岛里院研究内容的调查大致可以分为两个阶段。

第一阶段是基础调研工作。在此阶段，通过对历史资料（图 2-1）、相关出版物、互联网信息、卫星照片的查询和检索，共寻找到 473 处里院的信息，并于 2013 年 8 月 ~2013 年 12 月对相对应的地区进行了实地走访和调查，包括：芝罘路；观象路；四方路；河南路；武定路；河北路；北京路；博山路；大沽路；单县路；东阿路；东平路；肥城路；费县路；甘肃路；高密路；高苑路；观城路；广州路；海泊路；河北路；河南路；黄岛路；即墨路；济宁路；嘉祥路；胶州路；巨野路；辽宁路；陵县路；宁波路；宁阳路；平度路；青城路；山西路；上海路；石村路；四川路；四方路；泰山路（图 2-2）；潍县路；西藏路；西康路；禹城路；郓城南路；长山路；滋阳路；磁山路；淄川路。通过走访确定了 62 处与历史资料记载信息保持一致的里院建筑，并着重对这 62 处里院建筑进行了重点的图像记录和入

户采访调查（图 2-3），并通过发放问卷的方式对居民居住的整体情况进行了调查。同时通过在青岛城市建设档案馆查调相关资料，找到 260 份民国时期整理和绘制的青岛里院建造图纸和档案，经过核对最终有 46 份资料图纸可以与里院现状吻合。

第二阶段是对青岛现存里院建筑的整体考察。调查分为两次，第一次是 2014 年 7 月 13 日 ~7 月 16 日，主要针对有历史图纸和档案的里院建筑进行了调查以及历史图纸的现场核实（图 2-4、图 2-5）。第二阶段第一次调查的里院包括（里院门牌按照调查顺序排列）：

7 月 13 日：

青城路 3 号（九洪里）；长山路 26 号；长山路 17 号；长山路 16 号；长山路 13 号（有余里）；高苑路 9 号（永安里）；高苑路 32 号（福寿里）；高苑路 3 号；武定路 5~7 号（贻清里）；甘肃路 6 号（大生里）；甘肃路 47 号（润华里）；甘肃路 34 号（福康南里）；甘肃路 42 号（福康北里）；宁波路 37 号（起业里）；宁波路 28 号（元吉里）；陵县路 43~45 号（福寿里）；陵县路 31 号（有余里）。

7 月 14 日：

上海路 51 号（裕恒里）；上海路 55 号；上海路 54 号；上海路 32 号；上海路 42 号；吴淞路 9~11 号；吴淞路 46 号；吴淞路 50 号；东阿路 7 号（安和里）；即墨路 5 号（南荫轩里）；即墨路 13 号（福寿新邨）；芝罘路 73 号；芝罘路 77 号；芝罘路 84 号；芝罘路 78 号；即墨路 25 号；易州路 59 号（天安里）；易州路 36 号；易州路 42 号；李村路 24 号；博山路 53 号；即墨路 53 号；即墨路 57 号（永春里）；北京路 5 号；北京路 63 号（平阴里）；北京路 54 号；山西路 13 号；山西路 11 号；天津路 43 号；天津路 39 号；北京路 14 号；济南路 24

号（三江里）；济南路 20 号。

7 月 15 日：

东平路 59 号（泰昌里）；东平路 47 号（敬慎里）；北京路 88 号；宁阳路 12 号（三合里）；北京路 81~83 号；北京路 21 号；北京路 17 号；天津路 23 号（元善里）；河北路 9 号；博山路 19 号；博山路 15 号；博山路 9 号；平度路 19 号（吉祥里）；芝罘路 6 号（安庆里）；芝罘路 42 号 ~50 号。

7 月 16 日：

李村路 32 号；博山路 92 号；高密路 56 号（广兴里）；四方路 19 号（平康东里）；高密路 38 号；胶州路 116 号。

7 月 24 日 ~7 月 30 日，进行了第二次对于青岛里院建筑的现场调查，此次调查范围为第一次调查以外的青岛现存的所有里院建筑。

7 月 24 日：

辽宁路 15 号；辽宁路 21 号；滨县路 2 号；滨县路 8 号；滨县路 22 号；滨县路 30 号；乐陵路 104 号；临淄路 72 号；铁山路 61 号；周村路 50 号（云香里）；周村路 54 号（永和里）；周村路 62 号；高苑路 2 号；高苑路 4 号；高苑路 7 号；高苑路 10 号；淄川路 2 号；恩县路 5 号；宁波路 27 号。

7 月 25 日：（因台风，未能进行正常调查）

济宁支路 11 号；济宁支路 15 号；济宁路 24 号；黄岛路 17 号（平康五里）；芝罘路 39 号。

7 月 26 日：

甘肃路 2 号；甘肃路 23 号甲；甘肃路 27 号；甘肃路 31 号；宁波路 38 号；宁波路 42 号；宁波路 22 号；馆陶路 17 号；馆陶路 31 号；馆陶路 17 号；陵县路 7 号；陵县路 49 号；市场一路 45 号；市场一路 37 号；招远路 30 号；招远路 36 号；中山路 161 号甲；中山路 165

号甲；李村路 38 号；李村路 14 号；潍县路 64 号乙；潍县路 72 号；潍县路 60 号；潍县路 77 号乙；即墨路 51 号；即墨路 22~26 号；即墨路 18 号；易州路 28 号；胶州路 31 号；河北路 32 号；河北路 38 号；中山路 200 号；济南路 10 号（永安里）；河北路 55 号；北京路 13 号；吴淞路 15~19 号；吴淞路 5 号；武定路 4 号；上海路 18 号；上海路 20~26 号；上海路 28 号；武城路 6 号；聊城路 91 号。

7 月 27 日：

西康路 6 号甲；贵州路 22 号；郓城南路 14 号；云南路 164 号（永聚里）；云南路 170 号；云南路 171 号；云南路 182 号；云南路 307 号；嘉祥路 76 号甲；费县路 86 号（玉民里）；费县路 76 号；广西路 49 号；曲阜路 32 号；湖北路 95 号；泰安路 17 号；泰安路 23 号；肥城路 5 号；肥城路 38 号；宁阳路 25 号；宁阳路 23 号；宁阳路 26 号；宁阳路 17 号；宁阳路 11 号（吉祥里）；泗水路 10 号（吉祥东里）；泗水路 12 号（康庆东里）；北京路 74 号；北京路 73 号；天津路 53 号；天津路 59 号；东平路 37 号 1-5 号院（文兴里）；滕县路 2 号；东平路 51 号；东平路 53 号；东平路 73 号；浙江路 24 号；中山路 101 号；中山路 91 号；中山路 87 号。

7 月 28 日：

河南路 86 号；河南路 88 号；河南路 98 号甲；北京路 52 号；北京路 52 号乙；山西路 5 号；山西路 19 号乙；山西路 23 号；河南路 23 号；河南路 21~23 号；河南路 35~37 号；河南路 39 号；河南路 43 号；河南路 52 号；保定路 4 号；保定路 10 号；天津路 18 号；天津路 20 号；天津路 20 号甲 ~22 号；天津路 24 号；天津路 26 号；河北路 10 号；河北路 12 号；河北路 15 号；胶州路 172 号（云集里）；高密路 28 号；高密路 30 号（鸿吉里）；

图 2 - 4 调查过程中，核对历史资料和里院的现状情况

图 2 - 5 在四方路 19 号的屋顶拍摄易州路 25 号的全景

高密路 62 号；高密路 66 号；海泊路 24 号；海泊路 37 号；海泊路 43 号（泰福里）；海泊路 84 号（福润里）；易州路 25 号；易州路 29 号；芝罘路 60 号；芝罘路 70 号；芝罘路 74 号；大沽路 3 号；大沽路 4 号（游艺里）；大沽路 12 号；中山路 120 号；中山路 136 号；四方路 79 号；潍县路 19 号；博山路 32 号；平度路 25 号；平度路 31 号；平度路 37 号；平度路 45 号（文明里）；平度路 59 号。

7 月 29 日：

黄岛路 12 号（吉善里）；黄岛路 26 号（三兴里）；黄岛路 32 号；黄岛路 33 号；黄岛路 36 号；黄岛路 39 号（安康里）；黄岛路 56 号（庆余里）；黄岛路 65 号；黄岛路 67 号；黄岛路 68 号（宝兴里）；黄岛路 82 号；黄岛路 84 号；黄岛路 88 号；四方路 24 号；四方路 28 号；四方路 36 号（平和里）；易州路 8 号；海泊路 5 号；海泊路 23 号（立德）；海泊路 27 号；海泊路 42 号；海泊路 52 号；博山路 3 号；博山路 21 号；博山路 33 号；胶州路 108 号（永寿里）；胶州路 126 号；胶州路 136 号；胶州路 138 号乙；聊城路 10 号；济宁路 38 号；济宁路 39 号；济宁路 46 号甲；济宁路 47 号；济宁路 50 号；济宁路 61 号；芝罘路 9 号；芝罘路 71 号；高密路 3 号；安徽路 36 号；平度路 2 号；平度路 8 号；平度路 42 号；高密路 4 号；高密路 10 号；高密路 20 号；高密路 24 号。

2.2 调查方法

在本书内容的调查中，通过青岛城市建设档案馆、青岛市档案馆、青岛图书馆、青岛城市规划展览馆查阅了大量真实的历史资料和数据，其中包括了青岛里院

历史图纸、建造档案等珍贵资料。以此为依据，我们通过田野调查的方式对青岛现存的所有里院进行了现场调查，记录了 275 个里院的总体特征、立面形象、构成要素、空间节点、细部构造，对部分里院中的居民进行了随机采访，了解里院的建造年代、建造历史、改造变迁等相关情况，通过里院现状与历史资料图纸比对，核实了部分历史资料的准确性以及现状的改动情况。

2.3 调查结果

通过 2013 年 3 月 ~2014 年 7 月的调查，我们共收集青岛里院相关图纸资料 260 份，调查青岛里院 275 个，采访居民 43 人，现场调查获得青岛里院现状照片 27500 余张，掌握了珍贵的青岛里院现状情况资料，并整理了青岛里院现状分布图（图 2 -6 ~ 图 2 -20）。

图2－6.青岛里院现状分布分区图
卫星地图引自百度地图（http://map.baidu.com/）

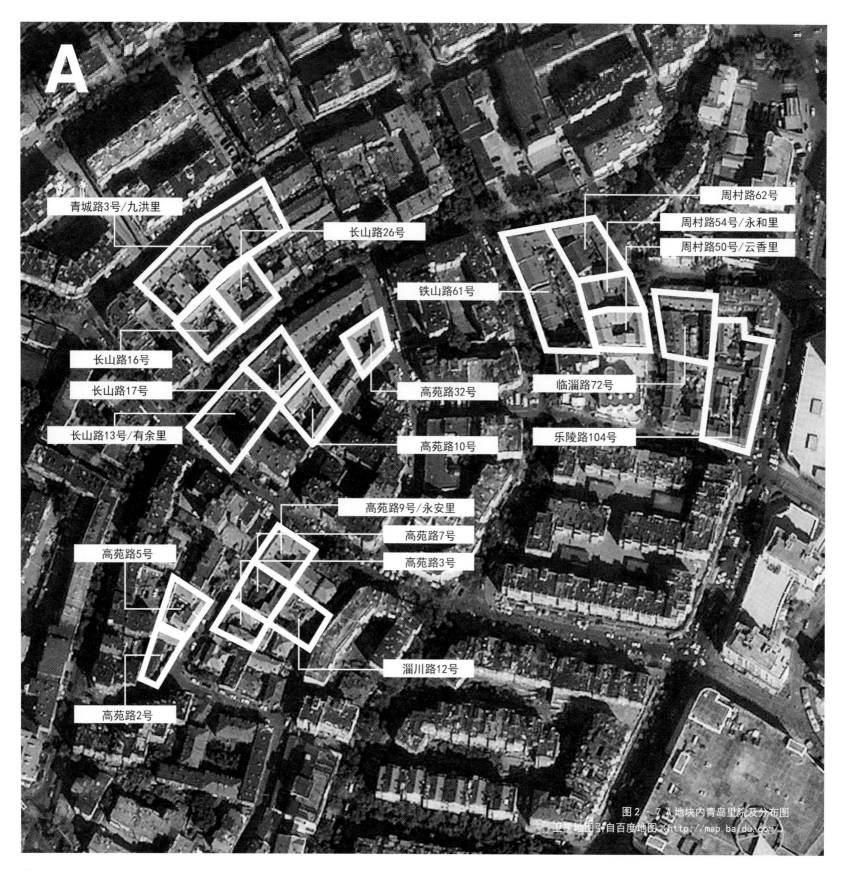

青城路3号/九洪里

长山路26号

周村路62号

周村路54号/永和里

周村路50号/云香里

铁山路61号

长山路16号

长山路17号

高苑路32号

临淄路72号

长山路13号/有余里

高苑路10号

乐陵路104号

高苑路9号/永安里

高苑路7号

高苑路3号

高苑路5号

淄川路12号

高苑路2号

图2－7 A地块内青岛里院及分布图
卫星地图引自百度地图 (http://map.baidu.com）

12

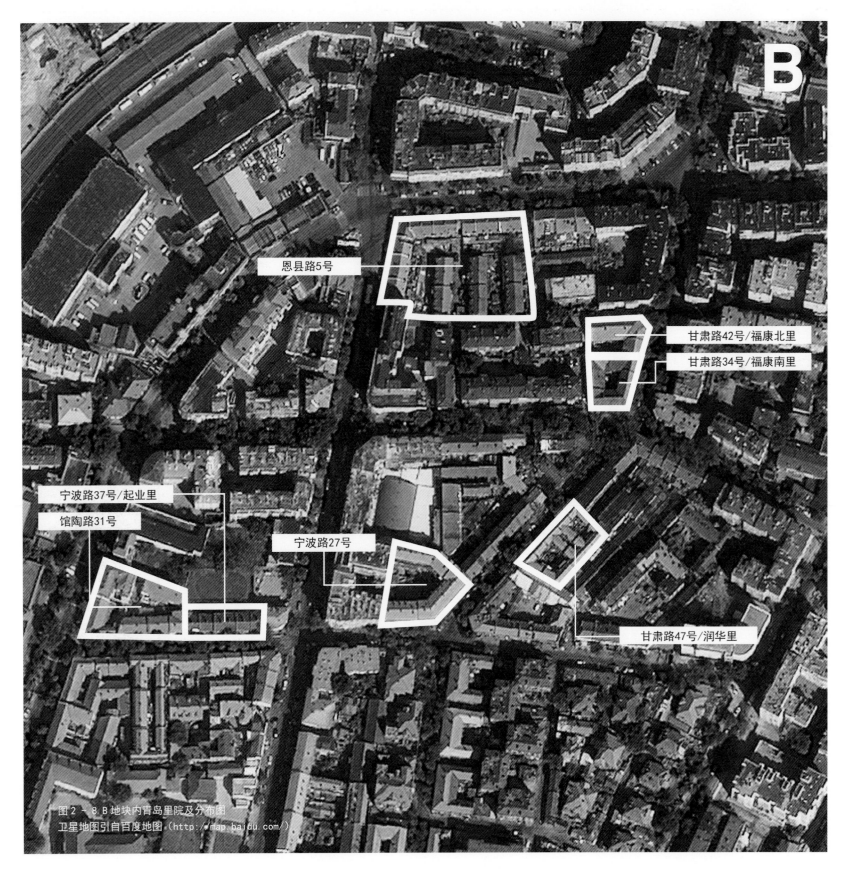

B

恩县路5号

甘肃路42号/福康北里

甘肃路34号/福康南里

宁波路37号/起业里

馆陶路31号

宁波路27号

甘肃路47号/润华里

图2－8 B 地块内青岛里院及分布图
卫星地图引自百度地图（http://map.baidu.com/）

13

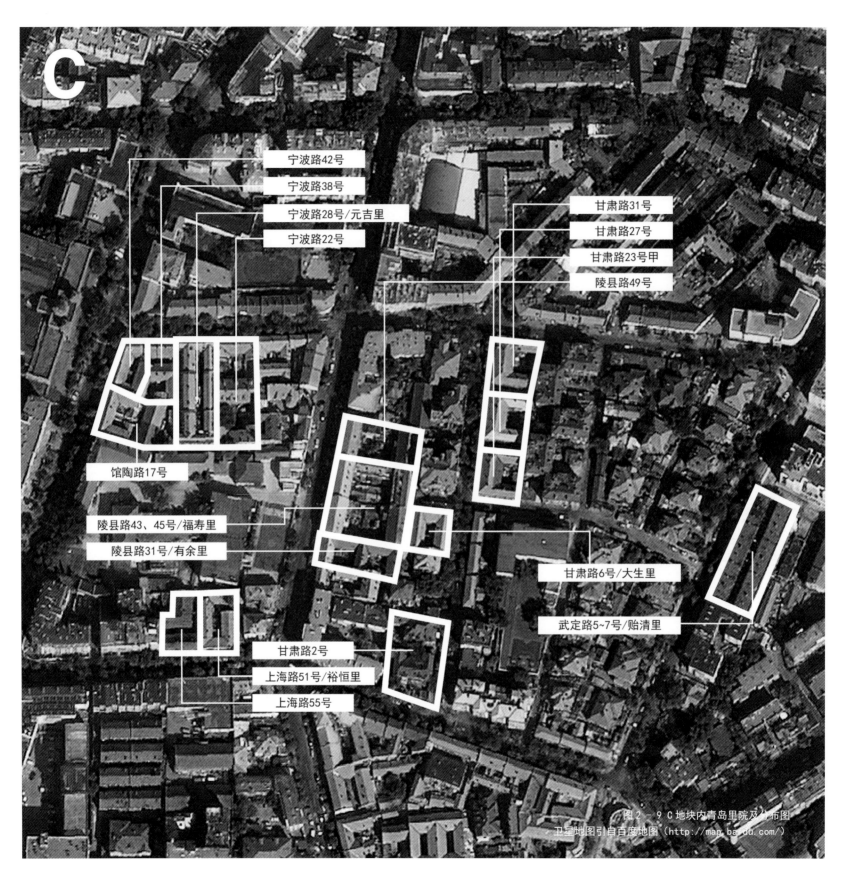

宁波路42号

宁波路38号

宁波路28号/元吉里

宁波路22号

甘肃路31号

甘肃路27号

甘肃路23号甲

陵县路49号

馆陶路17号

陵县路43、45号/福寿里

陵县路31号/有余里

甘肃路6号/大生里

武定路5~7号/贻清里

甘肃路2号

上海路51号/裕恒里

上海路55号

图2-9 C地块内青岛里院及分布图
卫星地图引自百度地图（http://map.baidu.com/）

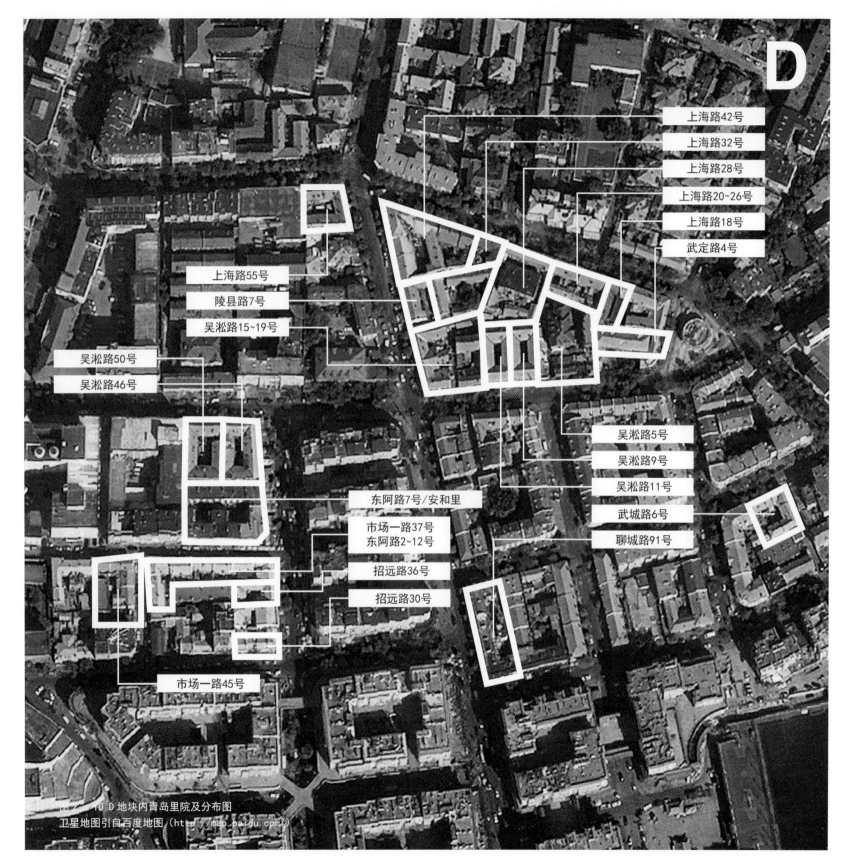

D

上海路42号

上海路32号

上海路28号

上海路20~26号

上海路18号

武定路4号

上海路55号

陵县路7号

吴淞路15~19号

吴淞路50号

吴淞路46号

吴淞路5号

吴淞路9号

吴淞路11号

武城路6号

聊城路91号

东阿路7号/安和里

市场一路37号
东阿路2~12号

招远路36号

招远路30号

市场一路45号

图2-10 D地块内青岛里院及分布图
卫星地图引自百度地图（http://map.baidu.com）

15

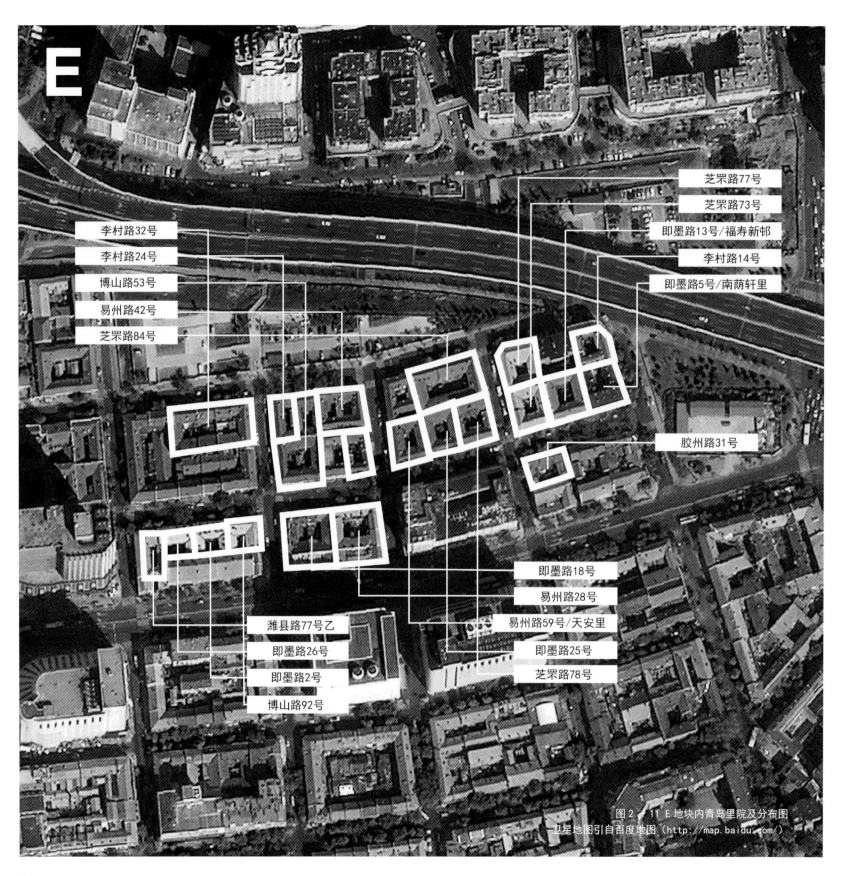

李村路32号
李村路24号
博山路53号
易州路42号
芝罘路84号

芝罘路77号
芝罘路73号
即墨路13号/福寿新邨
李村路14号
即墨路5号/南荫轩里

胶州路31号

即墨路18号
易州路28号
易州路59号/天安里
即墨路25号
芝罘路78号

潍县路77号乙
即墨路26号
即墨路2号
博山路92号

图2－11 E地块内青岛里院及分布图
卫星地图引自百度地图（http://map.baidu.com/）

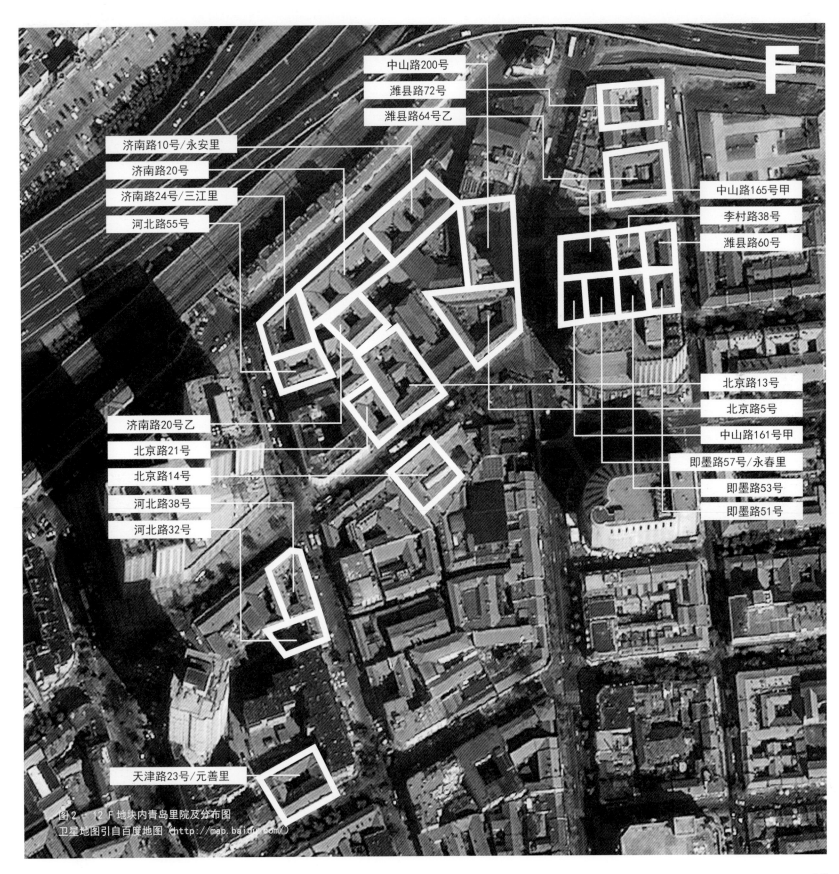

中山路200号

潍县路72号

潍县路64号乙

济南路10号/永安里

济南路20号

济南路24号/三江里

河北路55号

中山路165号甲

李村路38号

潍县路60号

济南路20号乙

北京路21号

北京路14号

河北路38号

河北路32号

北京路13号

北京路5号

中山路161号甲

即墨路57号/永春里

即墨路53号

即墨路51号

天津路23号/元善里

图2 12 F地块内青岛里院及分布图
卫星地图引自百度地图（http://map.baidu.com/）

F

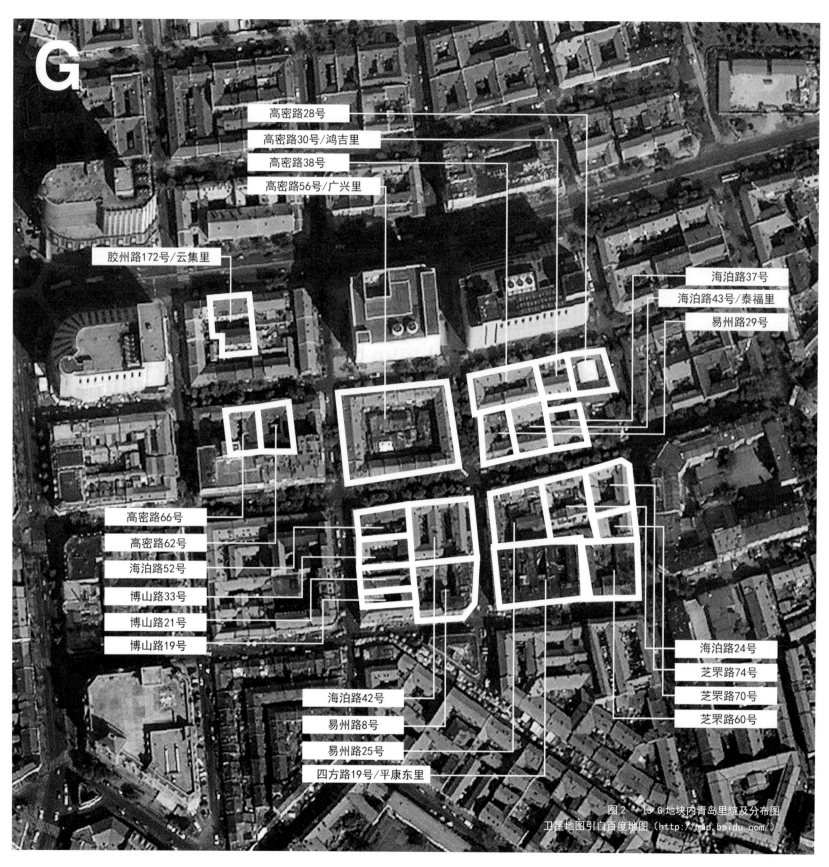

G

高密路28号

高密路30号/鸿吉里

高密路38号

高密路56号/广兴里

胶州路172号/云集里

海泊路37号

海泊路43号/泰福里

易州路29号

高密路66号

高密路62号

海泊路52号

博山路33号

博山路21号

博山路19号

海泊路24号

芝罘路74号

芝罘路70号

芝罘路60号

海泊路42号

易州路8号

易州路25号

四方路19号/平康东里

图2—13 G地块内青岛里院及分布图
卫星地图引自百度地图（http://map.baidu.com/）

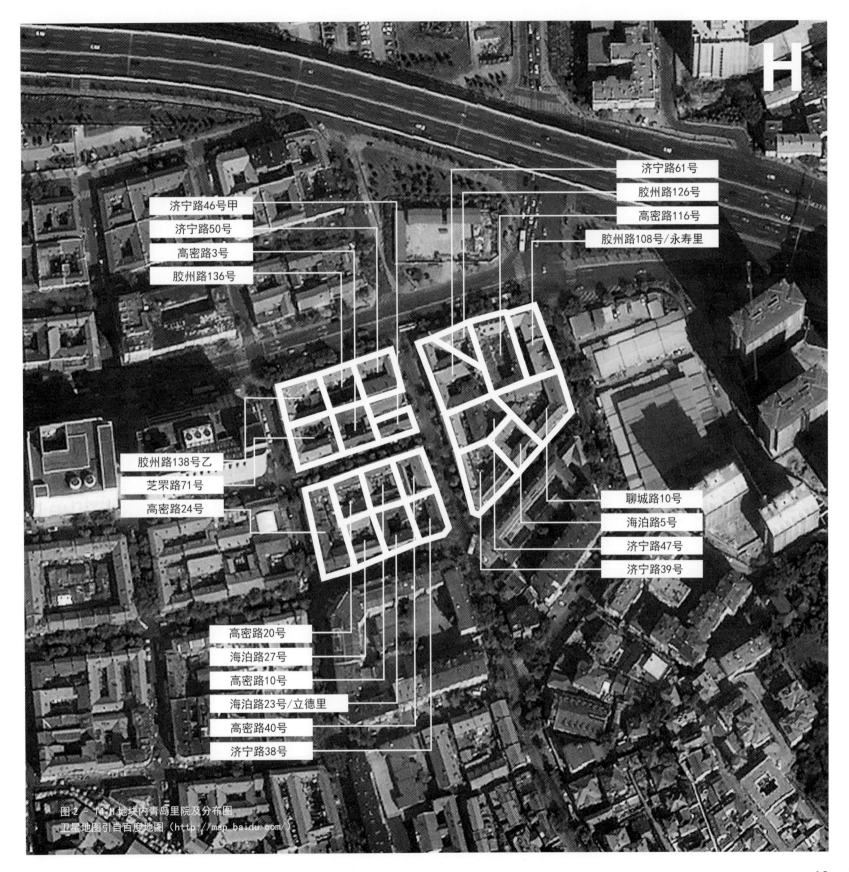

济宁路61号
胶州路126号
高密路116号
胶州路108号/永寿里

济宁路46号甲
济宁路50号
高密路3号
胶州路136号

胶州路138号乙
芝罘路71号
高密路24号

聊城路10号
海泊路5号
济宁路47号
济宁路39号

高密路20号
海泊路27号
高密路10号
海泊路23号/立德里
高密路40号
济宁路38号

图2－14 H地块内青岛里院及分布图
卫星地图引自百度地图（http://map.baidu.com）

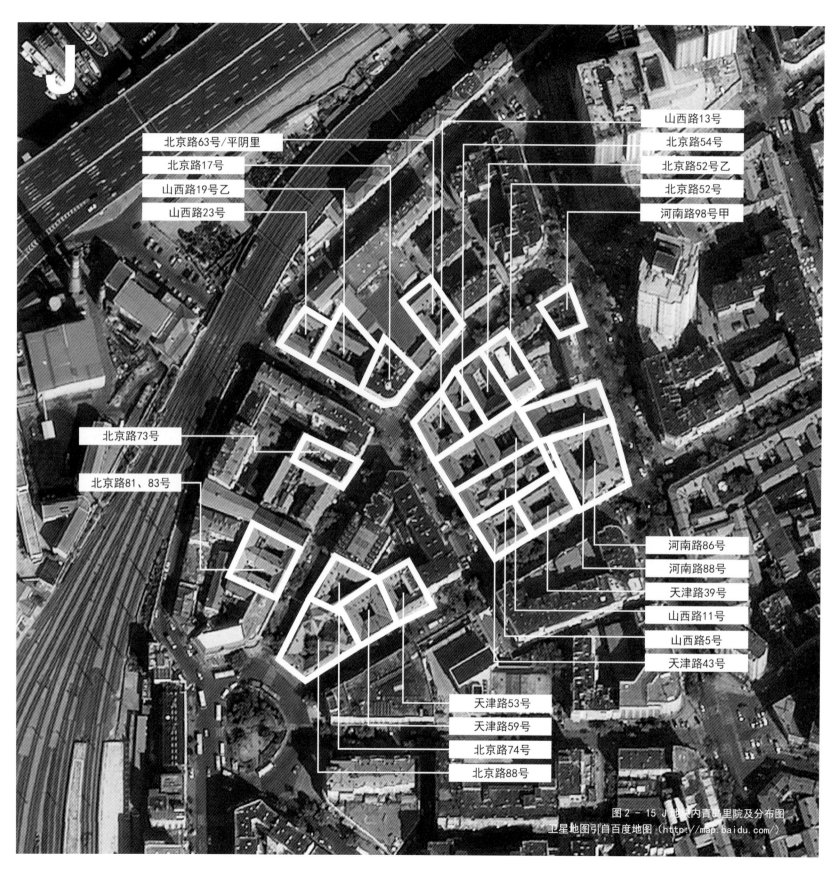

北京路63号/平阴里
北京路17号
山西路19号乙
山西路23号

山西路13号
北京路54号
北京路52号乙
北京路52号
河南路98号甲

北京路73号

北京路81、83号

河南路86号
河南路88号
天津路39号
山西路11号
山西路5号
天津路43号

天津路53号
天津路59号
北京路74号
北京路88号

图2－15 J地块内青岛里院及分布图
卫星地图引自百度地图（http://map.baidu.com/）

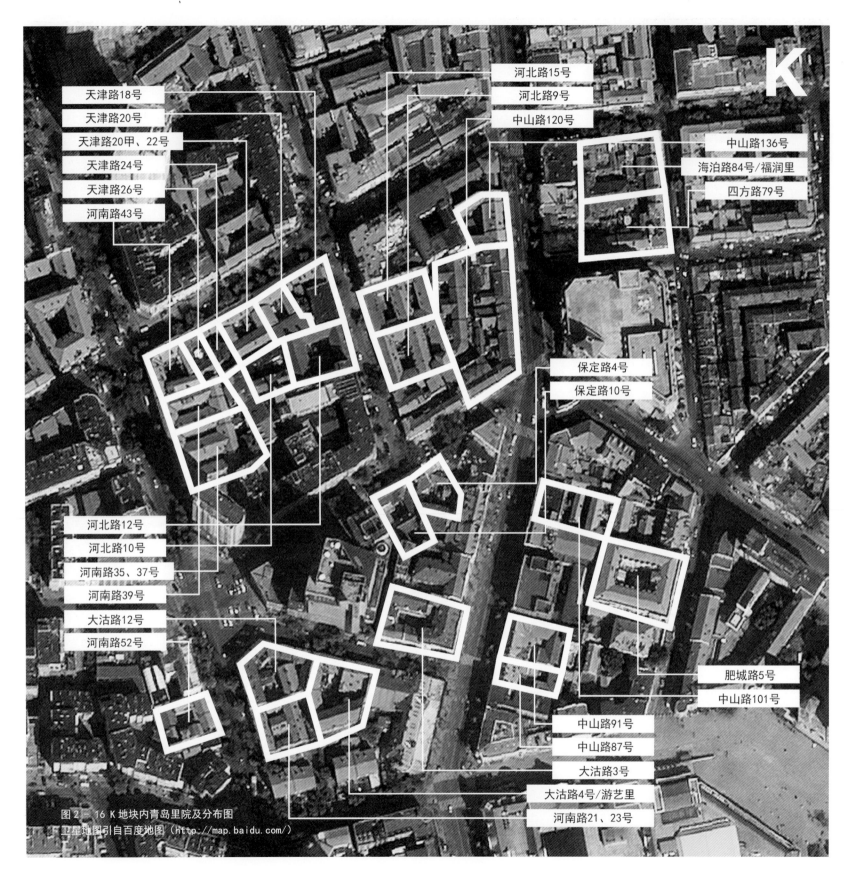

河北路15号

河北路9号

中山路120号

天津路18号

天津路20号

天津路20甲、22号

天津路24号

天津路26号

河南路43号

中山路136号

海泊路84号/福润里

四方路79号

保定路4号

保定路10号

河北路12号

河北路10号

河南路35、37号

河南路39号

大沽路12号

河南路52号

肥城路5号

中山路101号

中山路91号

中山路87号

大沽路3号

大沽路4号/游艺里

河南路21、23号

图2—16 K地块内青岛里院及分布图
卫星地图引自百度地图（http://map.baidu.com/）

K

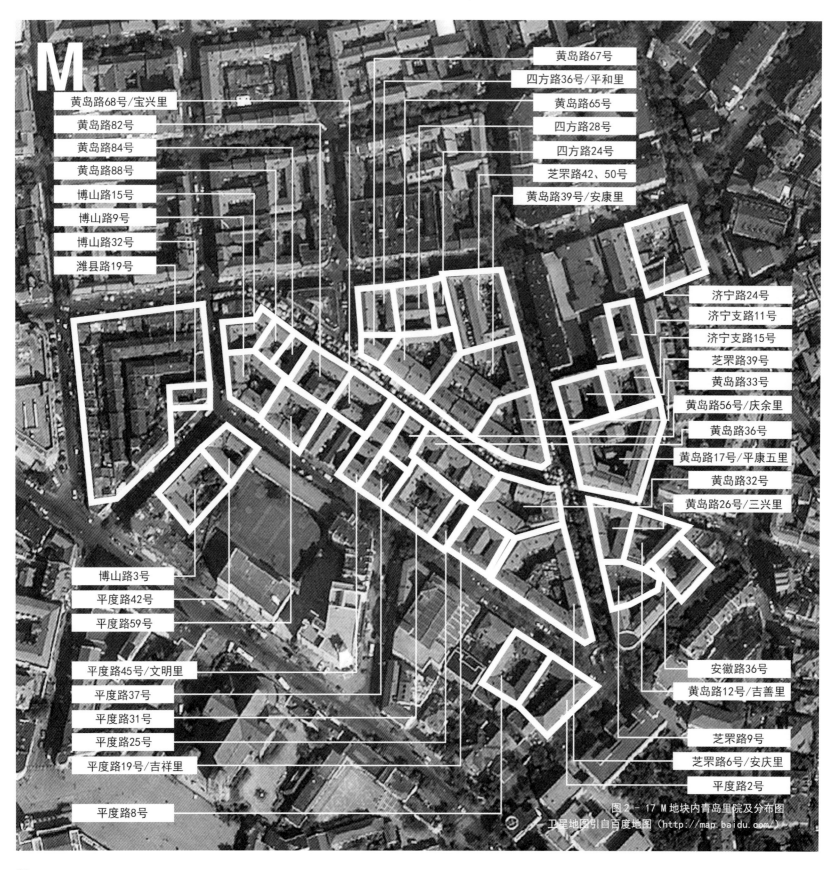

M

黄岛路68号/宝兴里

黄岛路82号

黄岛路84号

黄岛路88号

博山路15号

博山路9号

博山路32号

潍县路19号

黄岛路67号

四方路36号/平和里

黄岛路65号

四方路28号

四方路24号

芝罘路42、50号

黄岛路39号/安康里

济宁路24号

济宁支路11号

济宁支路15号

芝罘路39号

黄岛路33号

黄岛路56号/庆余里

黄岛路36号

黄岛路17号/平康五里

黄岛路32号

黄岛路26号/三兴里

博山路3号

平度路42号

平度路59号

平度路45号/文明里

平度路37号

平度路31号

平度路25号

平度路19号/吉祥里

平度路8号

安徽路36号

黄岛路12号/吉善里

芝罘路9号

芝罘路6号/安庆里

平度路2号

图 2 - 17 M 地块内青岛里院及分布图
卫星地图引自百度地图（http://map.baidu.com/）

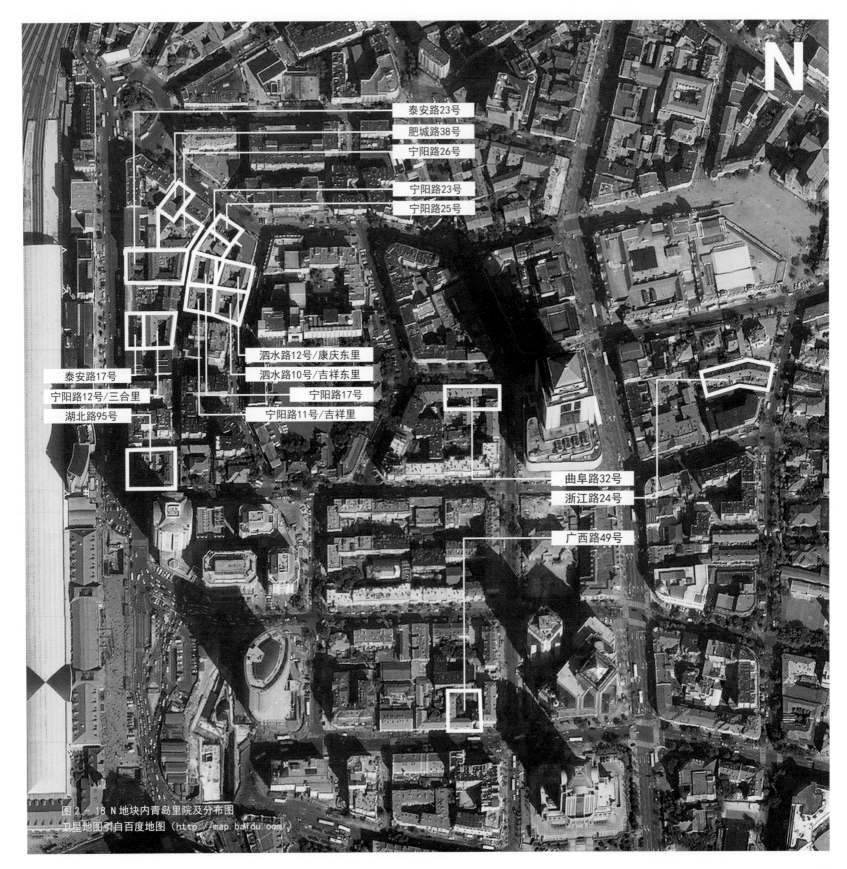

N

泰安路23号
肥城路38号
宁阳路26号
宁阳路23号
宁阳路25号

泗水路12号/康庆东里
泗水路10号/吉祥东里
泰安路17号
宁阳路17号
宁阳路12号/三合里
宁阳路11号/吉祥里
湖北路95号

曲阜路32号
浙江路24号

广西路49号

图2－18 N 地块内青岛里院及分布图
卫星地图引自百度地图（http://map.baidu.com/）

东平路73号

东平路59号/泰昌里

东平路53号

东平路51号

东平路47号/敬慎里

滕县路2号

云南路171号

东平路37号（文兴里）一号院

东平路37号（文兴里）二号院

东平路37号（文兴里）三号院

东平路37号（文兴里）四号院

东平路37号（文兴里）五号院

图2—19 0地块内青岛里院及分布图
卫星地图引自百度地图（http://map.baidu.com/）

24

費縣路86号/玉民里

費縣路76号

嘉祥路76号甲

云南路307号

云南路182号

云南路无门牌

云南路无门牌

云南路164号/永聚里

郓城南路14号

贵州路22号

西康路6号

图2-20 P地块内青岛里院及分布图
卫星地图引自百度地图（http://map.baidu.com/）

P

第 3 章 三十三个案例

1. 武定路 5~7 号
贻清里

贻清里是我们调研中见到的最长的里院。位于青岛市市北区武定路上，建筑为 3 层砖石洋灰造，长 62 米、宽 24 米，内院宽约 4 米，长约 57 米，呈现出极其狭长的空间效果。建筑主体结构为钢筋混凝土，其中楼梯的形式十分独特，极大地丰富了内院空间，在连接上下楼层的同时，带给了居民意想不到的空间体验。

贻清里，青岛市市北区武定路 5~7 号。武定路是青岛城市建设早期的重要马路，初名奥瑟琳·奥古斯特街，以德国皇后的名字命名，所以也叫皇后街。它是早期由青岛区去大港的主要通道，经今江苏路、上海路、武定路、包头路而到港口。日占时期叫花笑町。贻清里位于武定路与上海支路交叉口的东南方向。

据查阅青岛城市建设档案馆，检索到编号 1936-0107 档案对该里院建造情况的记载。"该里院于 1936 年 12 月 6 日改造完成。业主是李顺德，当时他住在德县路 1 号。设计者为刘铨法，1921 年毕业于上海同济医工大学土木工程系，后任山东中兴煤矿公司建筑师、工程师。营造厂为福聚兴。建造的工期为自批准日起 6 个月内完工，改建总造价大洋 48000 元。建筑总面积为 3181.26 平方米。"档案中还记载了对于该里院改建工程的工程说明书，说明书对于改造的结构、做法、门窗、油漆等做法都进行了详细的说明。

这栋里院比较特殊的地方不止在其体量的长度，而且其建筑主体结构为当时较少见的钢筋混凝土，表明建筑师设计贻清里时在建筑材料和形式方面有所创新。

在武定路上隔着树丛远远望见贻清里东北端部的山墙。贻清里使用的是平屋顶，属于后期里院的形态特征。

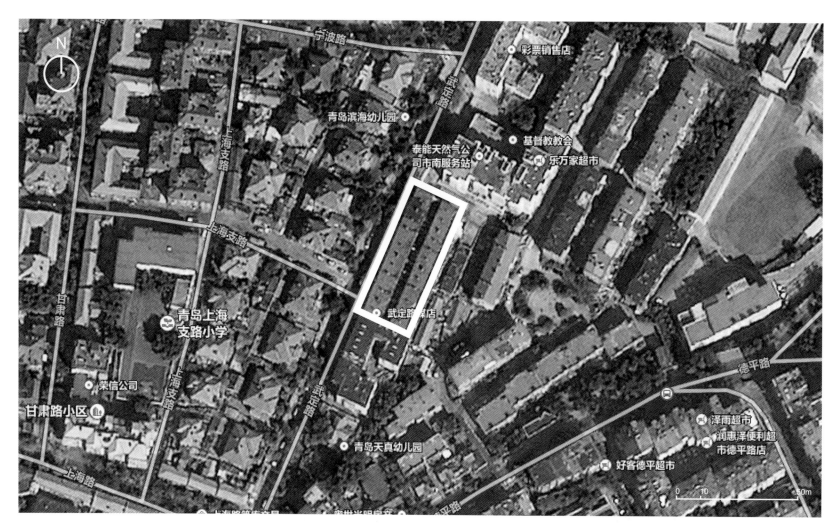

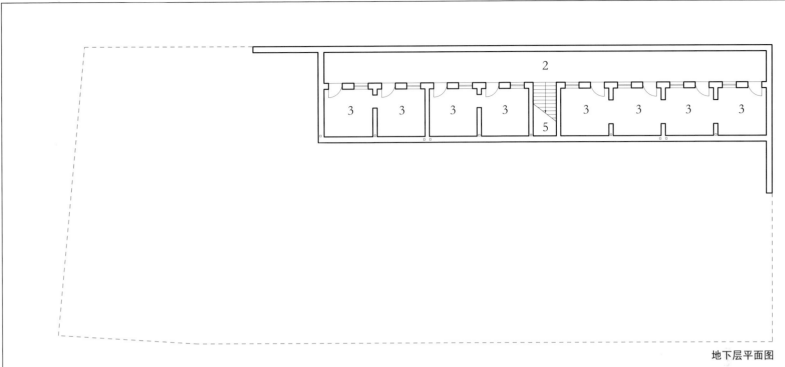

地下层平面图

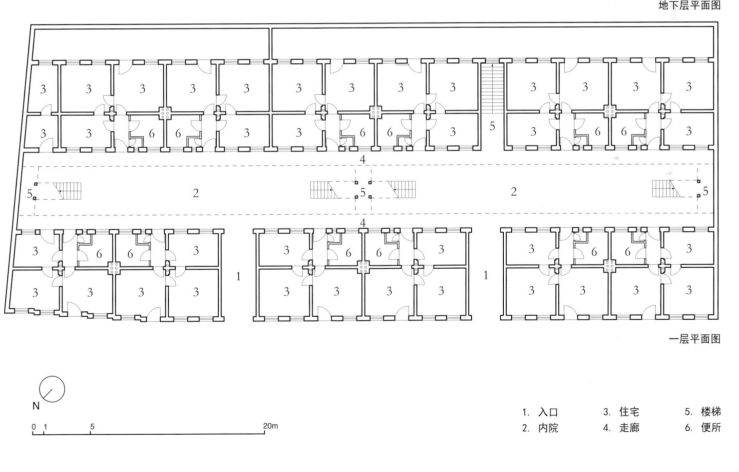

一层平面图

N

0 1   5   20m

1. 入口	3. 住宅	5. 楼梯
2. 内院	4. 走廊	6. 便所

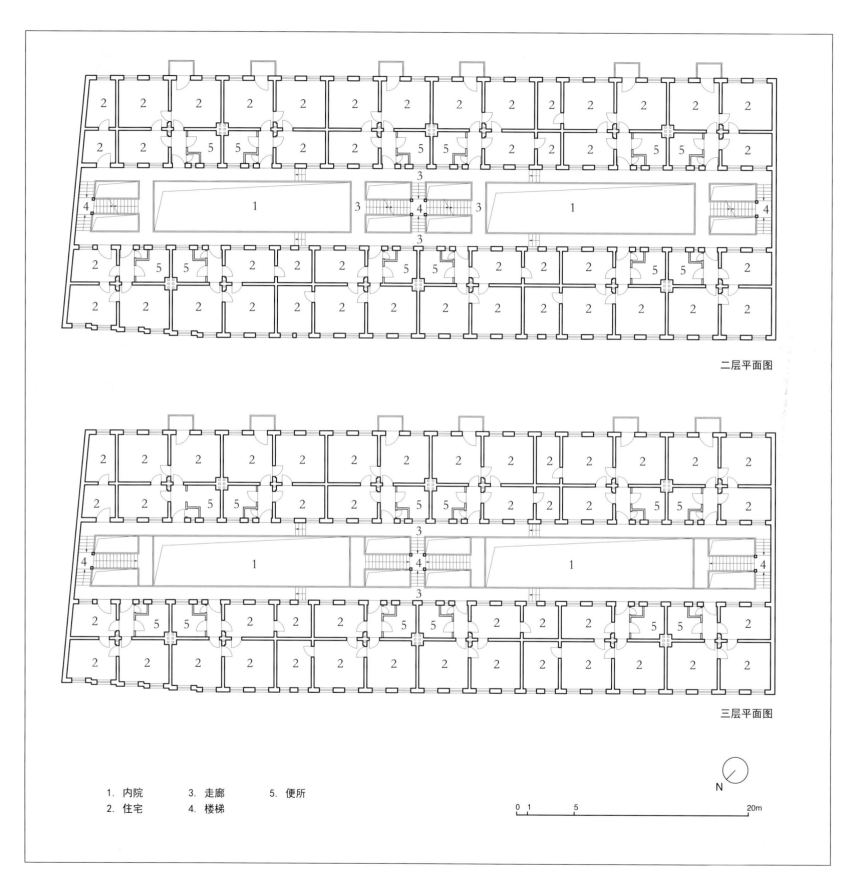

二层平面图

三层平面图

1. 内院　　3. 走廊　　5. 便所

2. 住宅　　4. 楼梯

N

0 1　　　5　　　　　　　　　20m

贻清里院子中共设有三部楼梯，分别位于走廊的两个尽端和走廊的正中间，楼梯可以连接前后两个楼以及各个楼层。中间的楼梯采用十字形的对称平面布局，先从院子中间有一小段先上到一个休息平台，再左右分开上到走廊。

位于中间的楼梯采用了对称式的布局，增加了整个院子的形式感和逻辑性，虽然居民在院子中居住使得场景非常杂乱，但建筑的形式仍使得整个院子保留着一种秩序感。

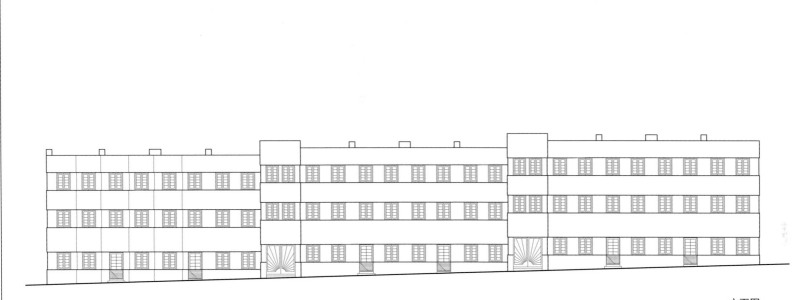

立面图

剖面图

0 1　　　5　　　　　　　　　　　　　　　　20m

楼梯像桥一样升到半空，再由一个平台向左右两边延伸出梯段，连接上一层回廊。人行于其上，仿佛在舞台上表演，俨然一幅未来主义绘画。

联系每家每户的室外走廊与楼梯的休息平台形成了休息交流空间，人们在这里汇聚交谈，邻里关系得到了增强。

踏步直接通向"天空"，尽头处，一群孩子正席地而坐玩游戏。空间在邻里的关照之下非常安全，孩子的玩耍不会让家长担心。

原本普普通通的楼梯呈现出粗粝的雕塑感，纯粹的空间中视线得以聚焦。平凡简洁的设计中透出质朴的美感。

2. 长山路 26 号
京达里

长山路 26 号位于青岛市市北区长山路的路北。整体平面近似一个正方形，共有 2 层。这座里院最大的特点是在院落中心修建的公共卫生间以及从住户门前引出进入卫生间下水道的下水管。

长山路 26 号位于青岛市市北区长山路的路北，在所查找到的资料中并未发现与其对应的历史资料。在调查中，我们采访了一位居住在该院中的居民，他向我们介绍了一些院子的基本情况。这座里院是由日本人修建，修建的大致时间是 1926 年，原名曾为"京达里"，紧挨着 26 号的长山路 24 号为同一时期修建，原名曾为"京安里"。据居民介绍，"京达里"是用 11 袋白面从日本主人手中买下。

长山路 26 号中每户居民的房间里并没有设计卫生间及自家使用的上下水，最早居民都是使用公用卫生间及水源。现在居民为了方便使用，都在自家门前的走廊上加设了上下水，而院子中间的公共卫生间也成了所有住居下水管道的唯一去处，这也就使得原来空旷的院子上空出现了如同化学实验或科幻电影中才会出现的管道横纵交错的景象。

长山路 26 号的入口及沿街立面。

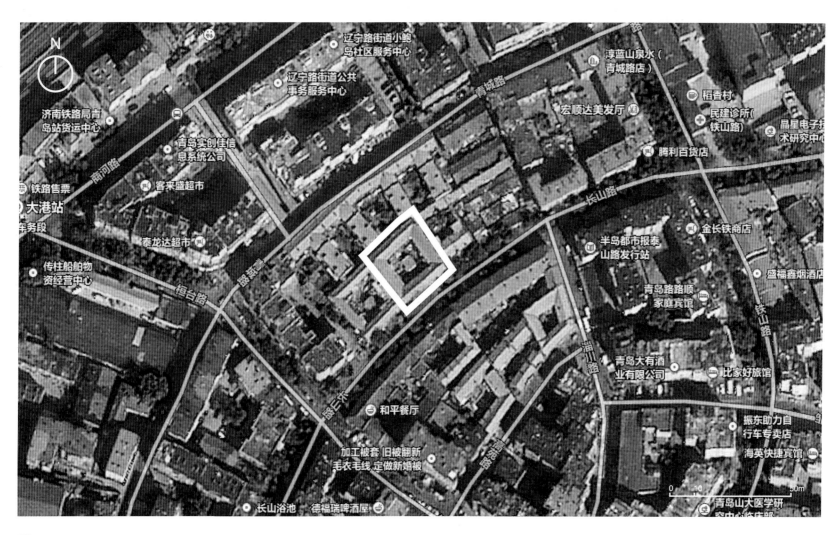

3. 易州路 25 号

易州路 25 号是一个大型的里院
建筑。一层的门面房被各式各
样的海鲜烧烤大排档所占据，
院子的一层也就成了餐馆的后
厨加工和堆放材料的场地，二
层以上都是住户。4 层的里院
由于地形高差形成了三道折线，
又由于体量的关系，这种地形
产生的力量被放大，让人感受
到强大的力量感。

易州路 25 号位于海泊路和易州路的交叉口处，位于路口的东南角。院子有 4 层高，一层底商开满了青岛特色的烧烤和海鲜大排档。院子的主入口位于道路交叉口的拐弯处，两个体量的交界处天然形成了一个缺口，居民主要就从这个入口进入院子。同时这个交界处也是院子的竖向交通核，进入后可直接通过楼梯到达院子的各层。在院子主入口的上方，现在仍然清晰地留有过去所刻的"向阳院"的门头。

在易州路 25 号院的内部，还有两栋 2 层小楼，形成了院中院，而院子中大大小小的遮阳伞、帆布篷几乎完全遮挡住了院子的地面。为了获得活动区域和更好的采光，居民把院子中的地面局部加高到半层的高度，使得人站在室外正好可以高过遮阳伞和帆布篷。而院中院高度也是在二层的标高上。

易州路 25 号立面及位于转角处的入口。

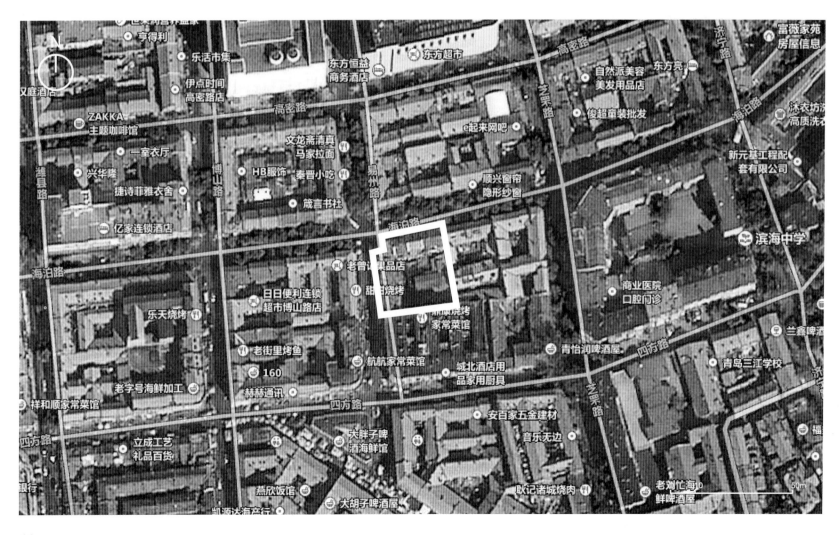

4. 东阿路 16 号

东阿路 16 号是一组不太典型的里院，院子并不像其他里院那样大。一进门是一个大台阶可以下到地面以下的一个小广场，小广场端头有一个入口可以进入地下的水房和厕所，台阶旁边是一座桥，直接通往对面的房门，再往里走是一个通往二楼的楼梯。院子主要作为交通功能使用，共有三条路径，虽然堆叠在一起，但排布得井然有序。

5. 北京路 17 号

北京路 17 号地处青岛市市南关区北京路与山西路交叉口北侧，主体建筑为 4 层的四面围合式居民楼，四面边长分别为 30.7 米、17.3 米、22.9 米、25.2 米，其西南面紧邻山西路，东南面紧邻北京路。

根据所调查的资料整理得出，北京路17号原为民国时期青岛主营纱布行业的"裕大号"商行所有，并于1941年4月对主体建筑进行过局部的增建改造，当时的业主代表为"裕大号"商行的经理何绍武。增建的主要内容为增改了建筑西北侧房屋，增加了三、四层的储藏室和花屋等，现在这些房间均为住户居住使用。

由紧邻北京路一侧的入口进入院内，可以看到院内东南方向和西北方向的两部双跑楼梯，这两部楼梯承担了建筑的竖向交通，结合小院和三层的朝向院内的外廊形成了简单的现在建筑设计中最为普遍的走廊两端布有竖向交通的交通流线方式。与调研过程中的大部分里院略有区别，北京路17号的外廊、楼梯的扶手栏杆材料现为表面涂有墨绿色油漆的金属材料。沿院内东北侧楼梯可直达建筑楼顶，楼顶之上有后期增建的一座凉亭，可以看到之前居民有到楼顶相聚畅谈的习惯，这一点可以看出一些现代建筑对于集合住宅共融互通性的理解。

在北京路与山西路交叉口上看北京路17号。

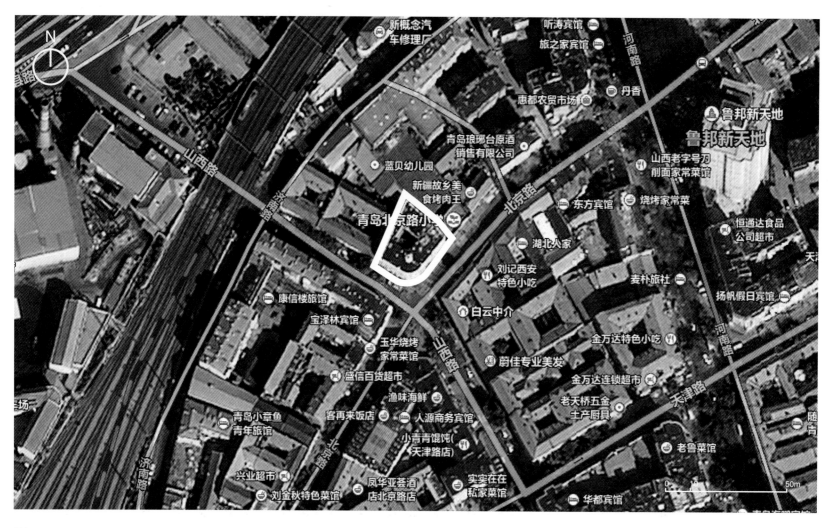

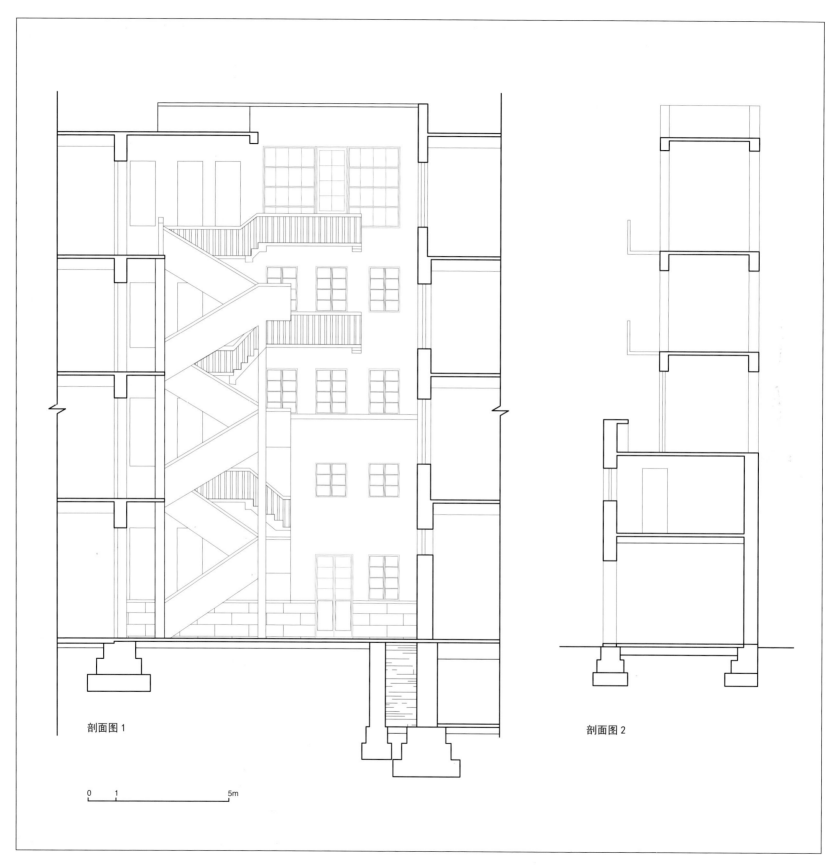

剖面图1

剖面图2

0　1　　　　　5m

站在院子中仰望院子上空，
楼梯和栏杆组成了通向天空
的隧道。

6. 中山路 87 号

中山路 87 号是由一栋"一"字形的楼和一栋"L"形的楼构成。在前面临街的"一"字形楼中，并没有采用室外楼梯，而是使用了内向的内部走廊，为了增加室内的采光，走廊中的天窗成了独特的风景。天窗开在楼梯上方的斜坡屋顶上，既可为下面的楼梯间提供天然照明，又可为住户在走廊里开的内窗提供采光。

楼梯拐角处的天窗为楼梯间提供了天然的直接采光。

走廊里，每一个入口前都有一个直接采光的窗，在为走廊提供采光的同时，也呈现了与门的对位关系。

7. 青城路 3 号
九洪里

九洪里位于青岛市市南区北部
地区，该院占地面积 2200 平
方米，属于规模较大的里院。
整个九洪里均为 3 层，围合出
了 3 个公共院落空间，建筑整
体随街道走向弯折，根据地形
高低起伏。

九洪里位于青岛市市南区青城路 3 号，居于青城路的中间南侧位置，里院周边为新建居住区。该院的形态像是"非"字的一半，沿街设置了一个长近 80 米的 3 层外楼，院内每隔 10 米设置一 18 米长的 3 层内楼，内楼与沿街的外楼相互垂直，形成三个连续的院子。

根据查阅青岛城市建设档案馆，检索到编号 1928-0215 档案对该里院建造情况的记载。"该里院改建于 1928 年 5 月，业主是来自即墨的商人，名叫迟方让。该里院为一商住混用建筑，底层临街为商业店铺，院内为住宅，房屋面积共 389 平方米，设有 16 个便所，规定了工期为自批准日起 4 个月内完工，改建总造价大洋 13500 元。"档案中还记载了对于该里院改建工程的工程说明书，对于改造的结构、门窗、油漆等做法都进行了详细的说明。

在青城路上看九洪里东北与西北两个立面。

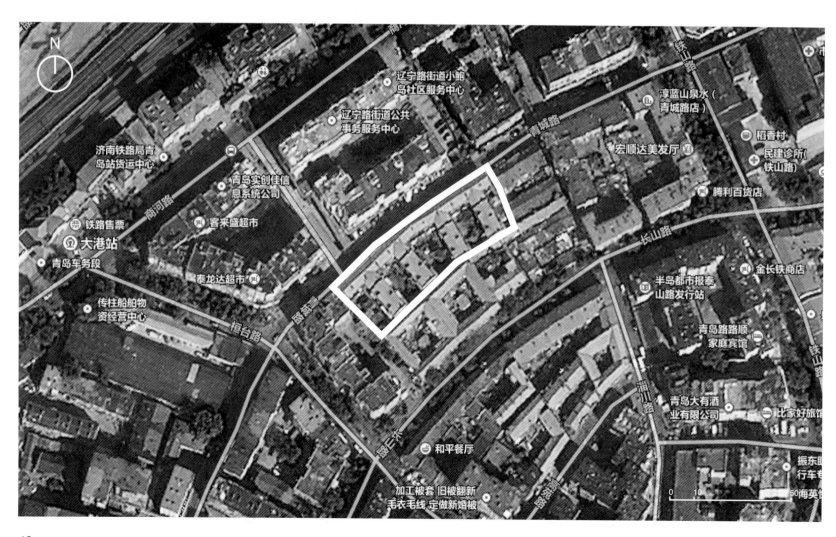

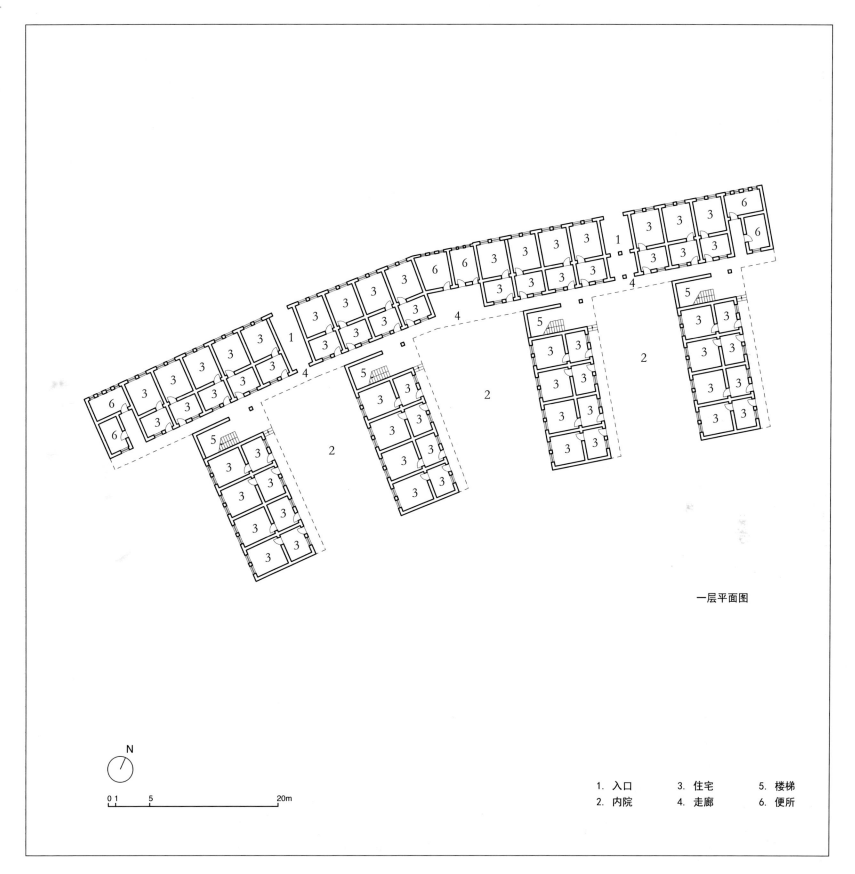

一层平面图

N

0 1   5   20m

| 1. 入口 | 3. 住宅 | 5. 楼梯 |
| 2. 内院 | 4. 走廊 | 6. 便所 |

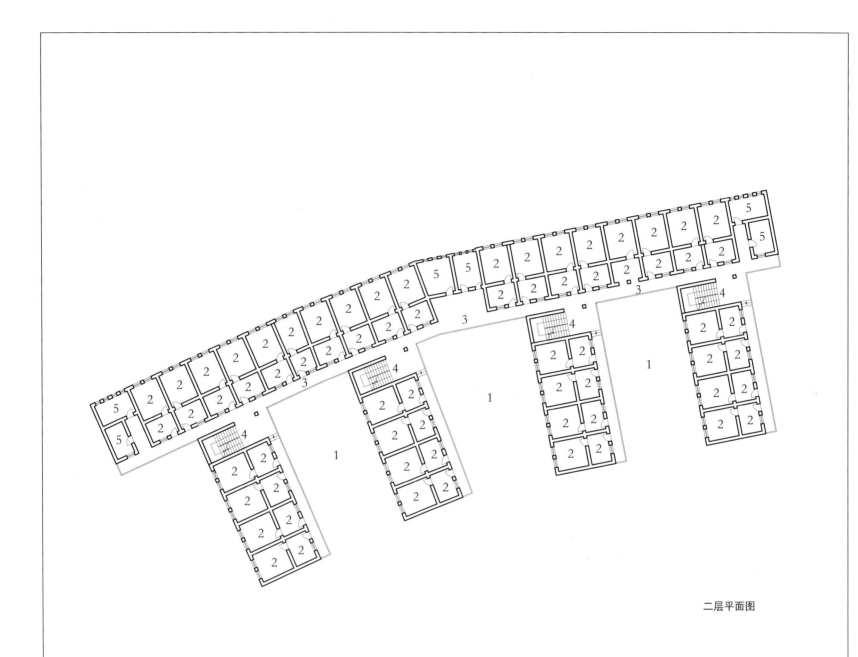

二层平面图

1. 内院   3. 走廊   5. 便所
2. 住宅   4. 楼梯

N

0 1   5   20m

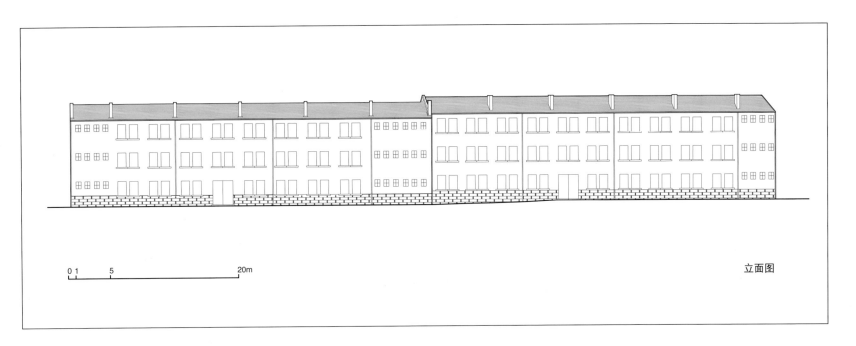

0 1   5   20m   立面图

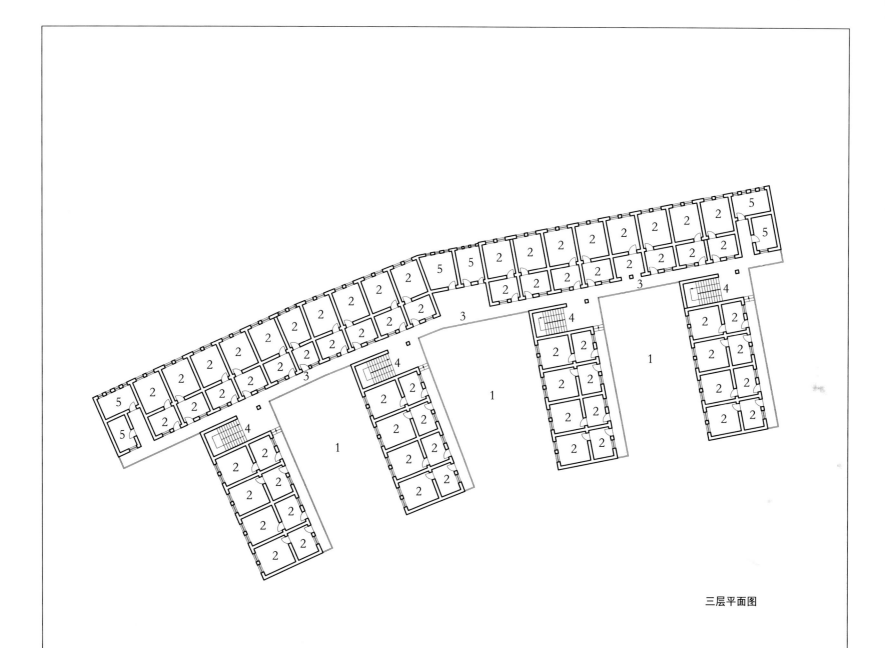

三层平面图

1. 内院　　3. 走廊　　5. 便所
2. 住宅　　4. 楼梯

N

0 1　　5　　　　　　　　20m

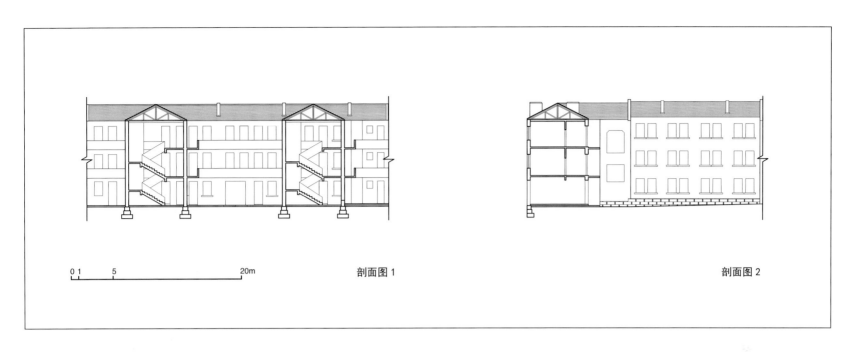

剖面图 1

0 1   5   20m

剖面图 2

一进院门正对着就是一个院子，里面有几棵大树和居民自己种养的花草灌木等。这个院子给居民提供了一个较大的公共空间，他们可以在这里晒被子、衣服，停放自行车，聊天交谈，小孩子们可以在这里嬉戏玩耍。这座里院里一共有三座这样的院子。

院子的地面比入口抬高了半米左右，一个小水泥坡道连接这两个平面。建筑师巧妙地利用了原有地势的起伏，将高差化解在建筑的内部，一并解决了排水等功能问题，也给建筑空间带来了意想不到的丰富性。

楼梯的休息平台上堆满了居民
的杂物。楼梯间的窗洞口很大，
由于内部较暗，这样提供了充
足的采光。不仅满足了照明，
巨大的洞口也能捕获室外的风
景，为室内外人与人的交流提
供了可能。

图片的左边是连接上下层的
楼梯，右边是连接各个住户的
水平走廊。楼梯与走廊都是半
室外的，墙和柱子的表面为水
泥抹灰，大部分地方的抹灰都
已脱落，黑灰色的水泥直接暴
露在外，阳光洒进来，光影的
对比十分强烈。

8. 宁波路 28 号
元吉里

元吉里位于青岛市市北区宁波路 28 号，在馆陶路与陵县路之间的这段宁波路的南边，里院呈长方形，南北向长 54.6 米，东西向长 21 米。整个里院呈"亚"字去掉两点后的形态，南北两端各有一排房子，中间分为两竖条房子和三个院子，其中中间的院子较宽，公共活动主要围绕这个院子展开，边上的两条院子主要是为满足采光需求。

吉元里具体位置在馆陶路与陵县路之间的这段宁波路的路南，里院呈长方形，南北向长 54.6 米，东西向长 21 米。整个里院呈现"亚"字去掉两点后的形态，南北两端各有一排房子，中间分为两竖条房子和三个院子，其中中间的院子较宽，公共活动主要围绕这个院子展开，边上的两条院子主要是为满足采光需求。

根据查阅青岛城市建设档案馆，检索到编号 1930-0221 档案对该里院建造情况的记载。"该院的建造时间为 1930 年，业主为迟谦德，作为住宅及店铺使用，砖造三层楼房，建筑面积合计 2473 平方米。自批准日起 4 个月以内竣工，建筑造价大洋 25000 元。"

元吉里北立面入口门洞。

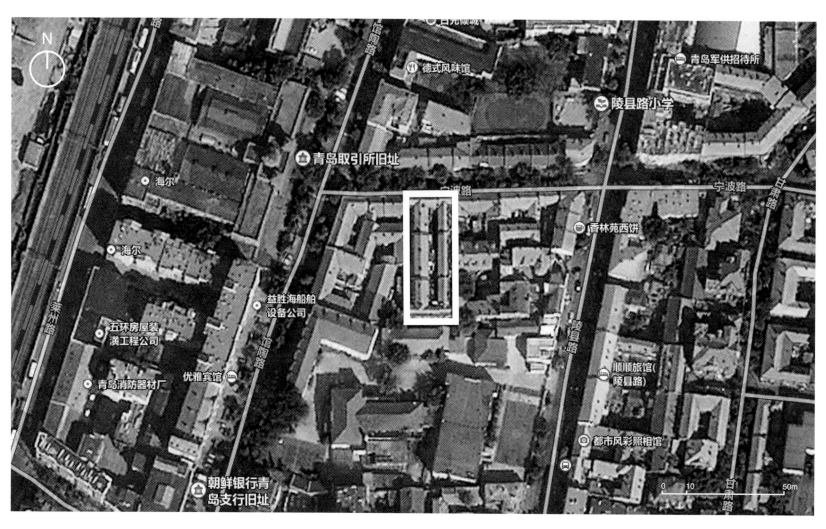

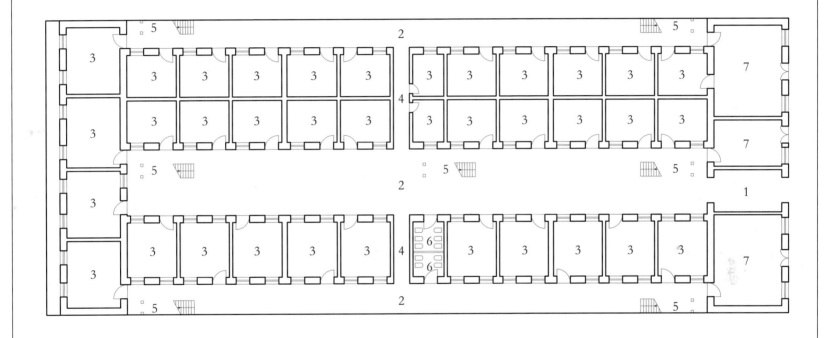

一层平面图

N

0 1   5   10m

1. 入口   3. 住宅   5. 楼梯   7. 店铺
2. 内院   4. 走廊   6. 便所

院子上空狭小的空隙，使得前后两户人家的距离非常近，在门口的公共走廊上就可以透过前面住户的窗户看到室内，所以很多住户都把自家的后窗封了起来。

一层与二层的住户，走廊是他们拥有的唯一采光和通风的空间，也自然成为了晾衣服的场地。

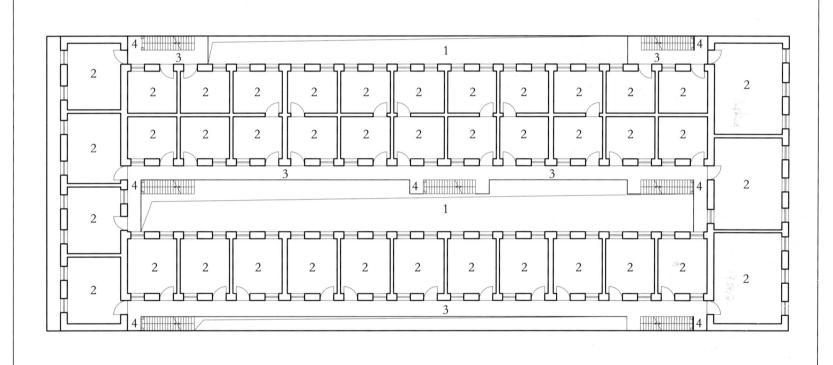

二层平面图

N

0 1　　　5　　　　10m

1. 内院　　3. 走廊
2. 住宅　　4. 楼梯

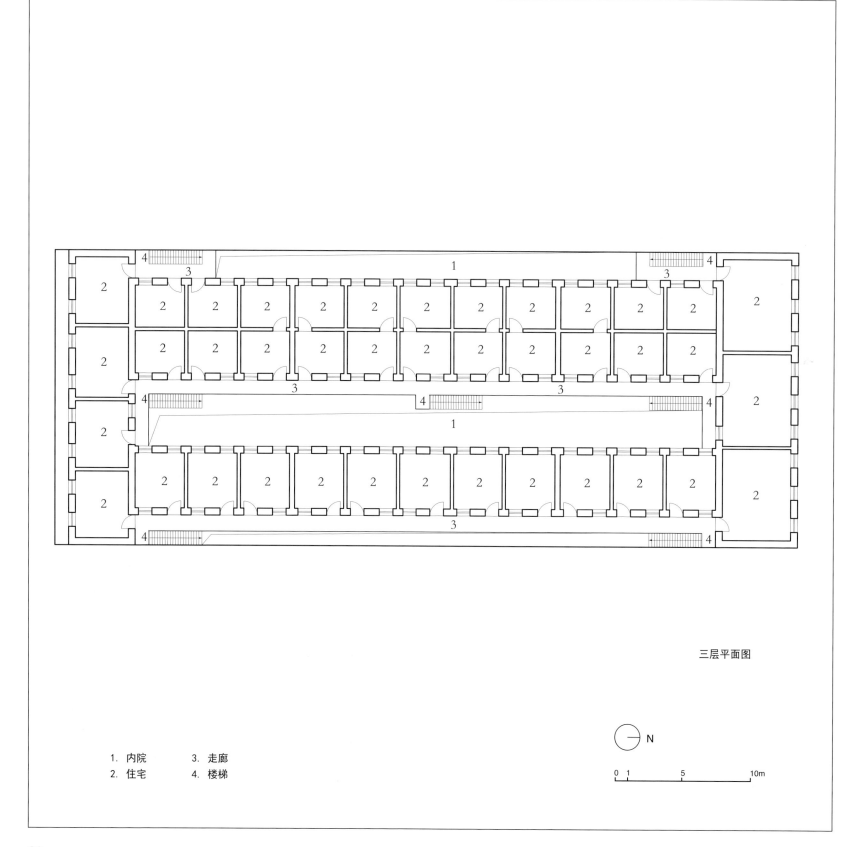

三层平面图

1. 内院   3. 走廊
2. 住宅   4. 楼梯

N

0 1   5   10m

每一层的中间部分是最主要的
公共功能空间，这里有公共的
水房、卫生间，以及连接左右
两个楼的走廊。

由于层高的差异，光线也在逐
层变化，在公共空间中越靠下
的楼层光线越昏暗。

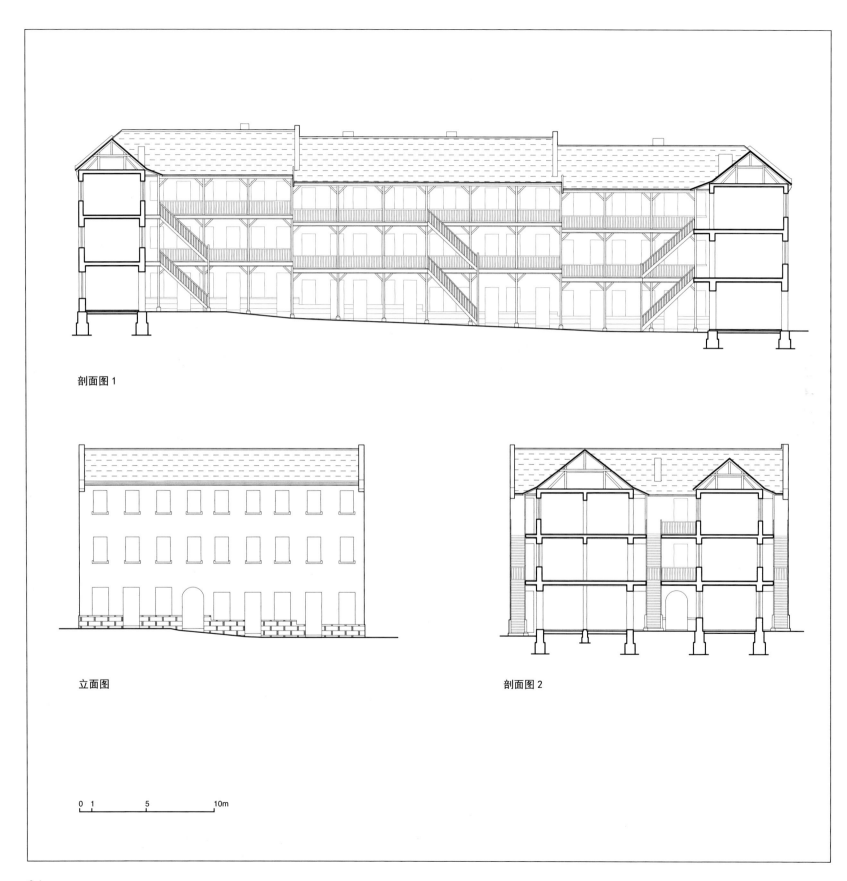

剖面图 1

立面图

剖面图 2

0 1   5   10m

元吉里与西侧隔壁的宁波路 38 号院并没有直接贴上共用一面山墙，而是留出了一个很窄空隙作为后院，这大大增加了元吉里居住的户数，也解决了这部分居民室内采光的问题。

东侧后院走廊可以看到隔壁宁波路 22 号院内，三层的住户与其共享一个院落空间，但无法直接进入。

9. 潍县路 19 号

潍县路 19 号是一个大型的里院，由多层的空间构成。其中最有特色的是它中间位置的"L"形院落以及由多个近似单元重复堆叠出来的住居形态。

潍县路 19 号地处市南区潍县路、四方路和博山路围合所形成的一片具有较大高差的地块。自德占时期起，潍县路便是青岛一条繁华的商业街，很多老字号都将店铺开设在潍县路，其也被老青岛人称为"二马路"。而潍县路 19 号大院是潍县路附近规模最大的一处里院。

大院北侧与四方路和潍县路之间都尚存有一排沿街屋顶带有老虎窗的平房，居民主要由大院西侧靠潍县路上的一处标志性开口穿过两个门洞沿下坡进入大院。调研之时，潍县路 19 号已经进入了大规模改造阶段，院内大部分居民已经搬出院内。大院平面可以看出是一种普通的"口"字形里院随地块形状而简单的变形，主体的 2 层建筑沿地块呈"L"形排布，中间留有狭长的院落，院内地平低于周围马路，所以在马路上看不出大院是 2 层建筑。联通上下的室内双跑公共楼梯分布于院内各处。

从德县路、潍县路、博山路交汇处看向潍县路 19 号。

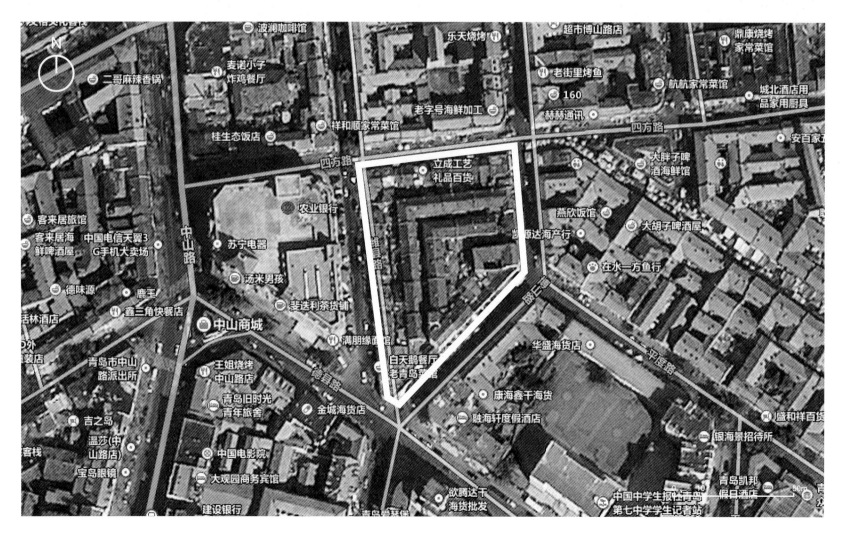

10. 即墨路 13 号
福寿新邨

福寿新邨位于青岛市市北区西南部即墨路 13 号。里院共有三层，一二层为砖混结构，顶层采用木结构，两个独立的室外楼梯间表现出明显的后期里院的特征。

根据查阅青岛城市建设档案馆，检索到编号 1948-0272 档案对该里院建造情况的记载。"该里院的改建完成时间为 1948 年 12 月 24 日，业主为义敦堂代表张奎愈，登记技师为魏庆萱。建筑一层对外为底商，对内及其他各层为住宅。总建筑面积为 551.8 平方米，改建总造价为计法币核定 28000000000 元。"

后来该里院又加建成 3 层，原有设在建筑内部的楼梯改建成了房间以增加使用面积，在院子的对角两端加建了新的钢筋混凝土楼梯。

福寿新邨的入口及沿街立面。

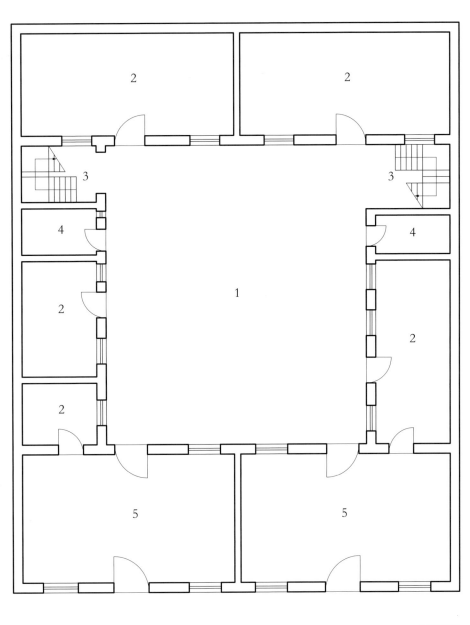

一层平面图

N

0 1 2   5m

1. 内院   3. 楼梯   5. 店铺
2. 住宅   4. 便所

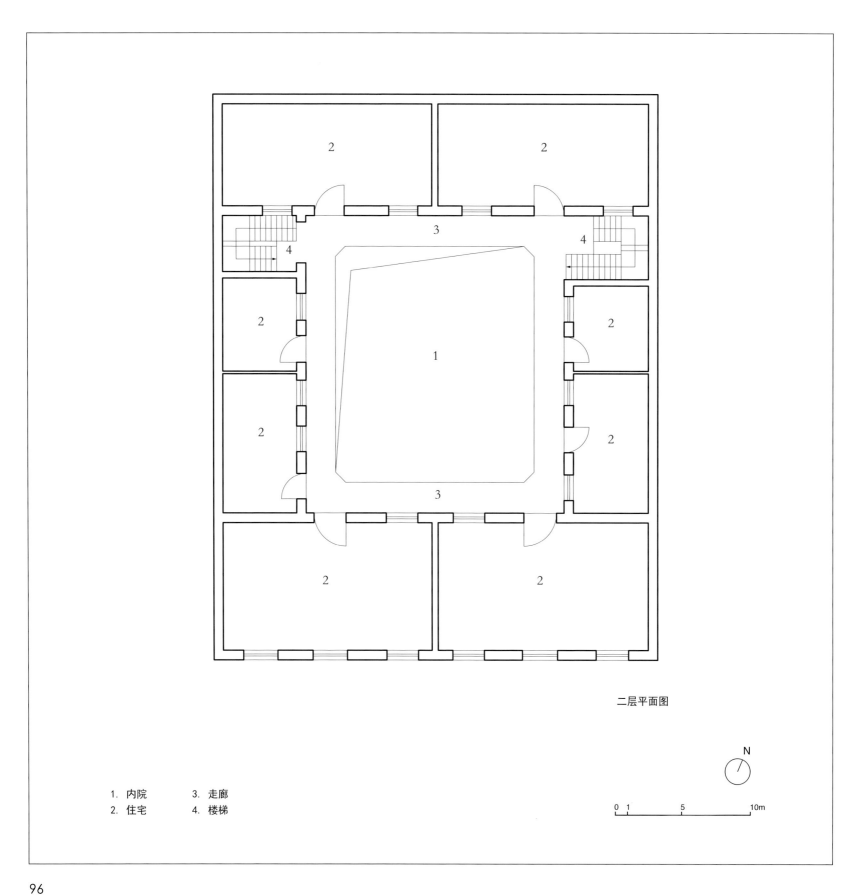

二层平面图

1. 内院　　3. 走廊
2. 住宅　　4. 楼梯

N

0 1　　　　5　　　　　　10m

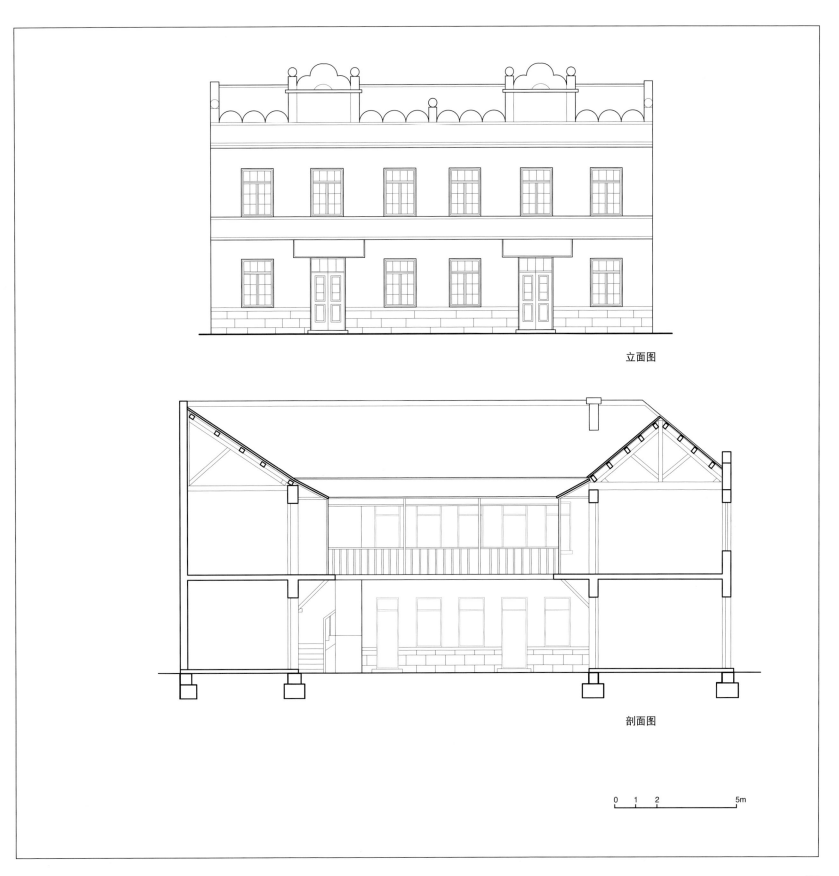

立面图

剖面图

0 1 2 5m

11 . 北京路 5 号
大鸿泰

大鸿泰位于青岛市市南区北京
路 5 号。于 1910 年改造结束，
这是一个三角形大院，地上 3
层，地下 1 层，共 52 户。

根据对居民的采访调查得知，大鸿泰以前是一个客栈，院里住的都是做生意的人。当时室外走廊都是红色木质的，上面有很多雕刻，在20世纪90年代，木头腐烂，房产部对其进行了大修，就成了现如今的水泥栏杆了。当前这里是集合住宅，住户家中没有卫生间，院当中有一公共卫生间，卫生状况不佳。

北京路5号的入口及沿街立面。

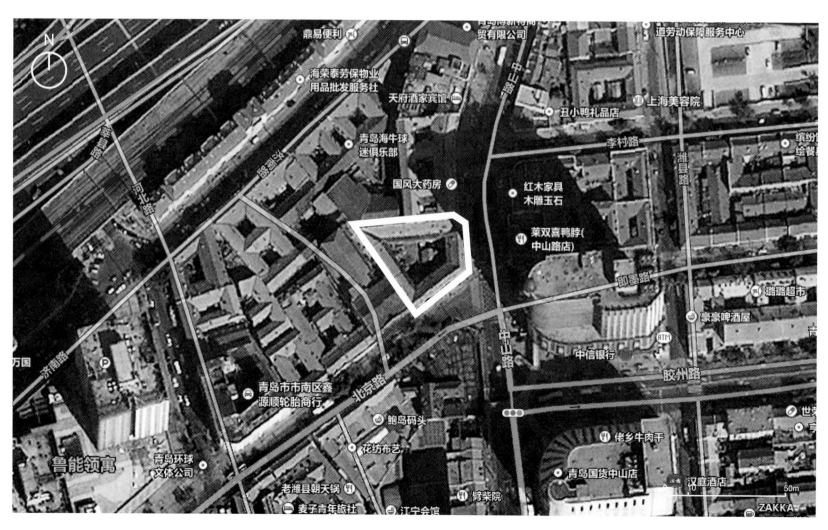

院内的地平面比院外低半层楼
的高度，故而入口门洞很高，
需要下一个坡才能进入院内，
门洞的侧墙上有一个楼梯可以
不经过二层直接上到三层。

院中也有去二层的室外楼梯，
建筑内部也有从一层到三层
的楼梯。

12. 天津路 23 号
元善里

天津路 23 号原名"元善里"。
元善里所在地块基本都已经被
改造,周围是新建住宅楼以及
一座高层写字楼。元善里就被
这些新建筑包围在中间。

根据查阅青岛市建设档案馆，检索到编号 1931-0011 档案对该里院建造情况的记载。"该里院名称为'元善里'，业主为赵小鲁，家住肥城路 48 号，登记工程师为栾子瑜，家住平原路新 5 号，登记营造厂为公和兴，当时位于热河路。元善里的建筑面积约为 1985 平方米，建造的预算为 43000 元，预定的租金为 850 元。"

天津路 23 号沿街立面。

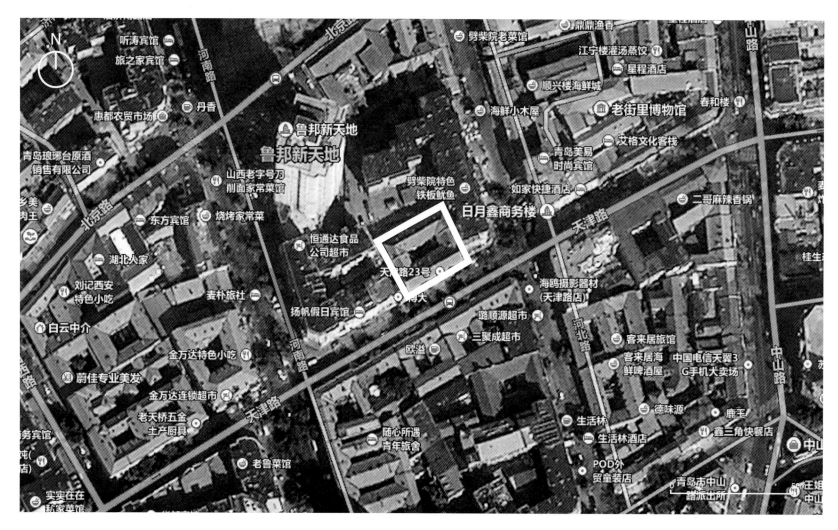

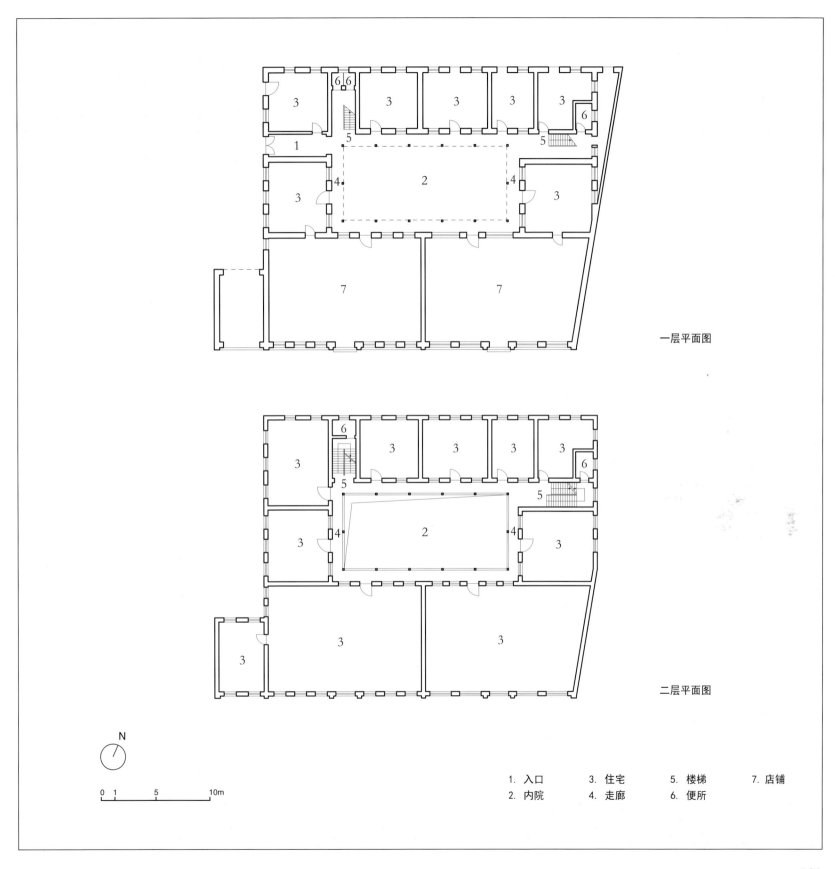

一层平面图

二层平面图

N

0 1　　5　　　10m

1. 入口　　3. 住宅　　5. 楼梯　　7. 店铺
2. 内院　　4. 走廊　　6. 便所

立面图

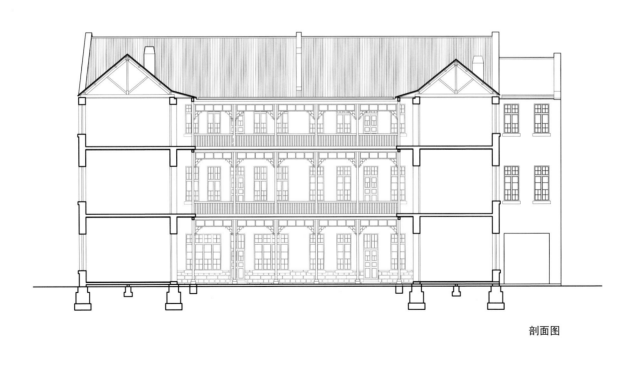

剖面图

0 1   5   10m

元善里从外看是一个院子，有两个入口。在院子里面看，院子一层由一面墙将院子分成两个院。

元善里的背后现在是一块开敞的空地，根据台基推测原先可能为一个完整的里院。

13. 博山路 19、21 号

博山路 19、21 号共用一个内向的开敞空间，但并没有实际可使用的院子，19 号院中还留有大部分住户，而 21 号院中住户已经非常少，地下一层部分已经废弃，两个院子中间的楼梯间是院子中的标志。

博山路 19、21 号在博山路与四方路交叉口附近，位于博山路的东侧。两个院子中间用一道一层高的墙来分割，共用院子上空的空间。

两个院子都为 4 层，由于博山路地形坡度较大，从沿街的入口进入后到达的是建筑的二层。21 号院的外廊为混凝土柱子及护栏，而 19 号院中仍然保留着木质的支撑和篮板。21 号院中居住的居民已经很少，位于一层的公共水池和卫生间看上去也已经废弃，而 19 号院中仍然居住着大量的居民。

博山路 19 号入口及沿街立面。

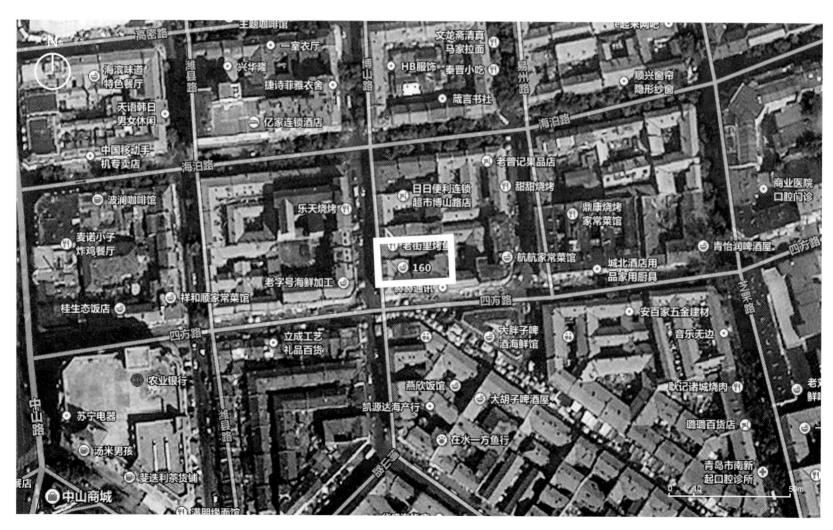

两个院子中间的隔墙划分了院
子的空间，居民也倚靠着这个
隔墙自己垒起了厨房、杂物棚。
中间竖起了由居民建造厨房伸
出的烟囱。

博山路 19 号院的楼梯间是院子里的视觉中心，它位于院子构图的中线上，但仅供 19 号院使用。楼梯间为了增加采光，在二楼通向三楼的休息平台上增加了一个拱形的开窗。

光对于居住在里院中的居民来说是极其珍贵的。在狭小的空间中，尽可能多地获得光似乎成了开窗的原则，在楼梯间中，窗洞出现在了所有可能出现的位置，并且在立面上保持着一定的统一和对位。

博山路 19 号院内一层废弃的院
子和公共卫生间。

博山路 19 号院的楼梯间与走廊
之间的一小段空隙。

14. 吴淞路 5 号

吴淞路 5 号并没有呈现传统意义上里院的形式，它的形体走向不是向内，而是面对院子向外翻出。这种形式在里院当中很少出现。而笔直的楼梯和简洁的立面形象使得整个建筑极具功能美感。

吴淞路 5 号位于吴淞路东段北侧，院内主要有两栋建筑，一栋建筑是德国人所建的私人别墅，现已被改造为混居住宅，另一栋建筑是 3 层高的集合板楼，坐落于院内东侧。这座楼为东西朝向，建筑南北长约 25 米，东西宽约 8 米，走廊布置于建筑主体的西侧，为朝向院内的室外走廊。走廊平台很薄，且可以看出没有设置横梁，3 层平台之间由五根金属支柱联系，承受着一部分走廊平台的竖向荷载。

小楼只在建筑北端设有联系室外走廊的半室内双跑楼梯，其中由院内平地到二层走廊为石材堆砌的"L"形楼梯，其中第一段为 17 步台阶，并探出建筑主体，第二段为 3 步台阶。

站在外廊上看向院内。

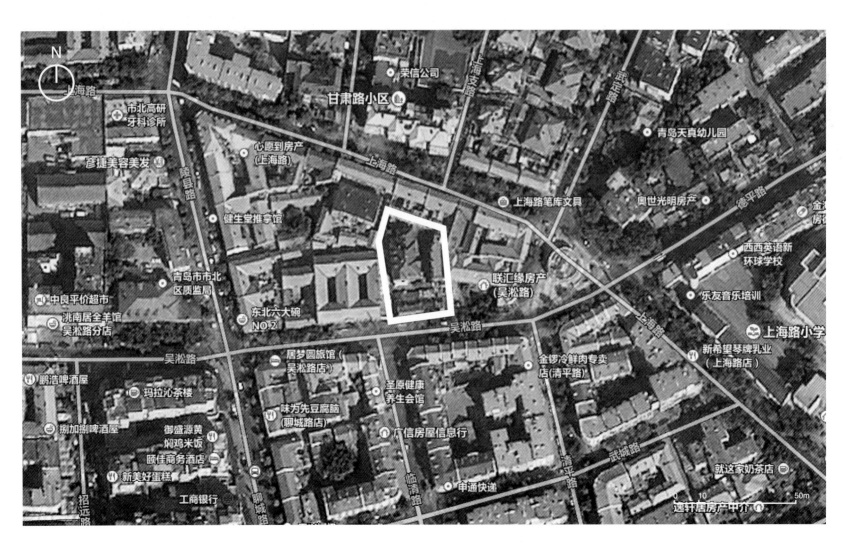

122

二层走廊，由于向外偏转
的形态，使得在走廊上行
走时无法看到走廊的尽端。

进入院子正对着是走上二层的
楼梯。

15. 中山路 101 号

中山路 101 号的院子中居民用墙隔出了许多层的空间，入口处空间的宁静、质朴，没有任何装饰，体现着简洁、实用的美。

16. 芝罘路 42、50 号

芝罘路 42 号与 50 号是位于青岛市市南区四方路与芝罘路交汇处西南方向的砖石建筑，占地面积 1378.7 平方米，整体地势由东向西逐渐降低，南北方向长约 43.6 米，东西方向宽约 33.5 米。42 号位于西侧，主体建筑为 4 层；50 号位于东侧，主体建筑为 3 层。两个院子同时建造，且 42 号的西侧房间与 50 号院的东侧房间在结构上相连。山东建筑大师刘铨法曾参与这两个院子的设计及建造过程。

芝罘路42号于院内南北两个方向分别设有两个出入口，院内地势低于周边道路水平高度。院内主体建筑围绕中间的狭长庭院布置，庭院南北方向长约32.5米，宽度仅为4.2米。二层到四层设有环形走廊，走廊宽度1.2米，由此形成了极为细长的天井。南北方向上两侧外廊之间的距离只有2.1米。院内只设置有一套一分二形式的楼梯，位于走廊的南侧。院内每层住户共用一个位于该层东南角的卫生间。由于日常生活需要，院内居民将晾衣绳系于两侧走廊扶手之上，上百根晾衣绳悬浮于天井之中，形成了特有的生活场景。

芝罘路50号位于42号东侧，相比于42号院子的狭长局促，50号的院子要宽敞一些。院内建筑3层，二层到三层同样设有环形外廊，院内卫生间设置于每层靠西侧中间的位置，并打断外廊的环路。院内设有两部连通上下的楼梯，分别位于院内南北两端靠西一侧。

芝罘路42号院入口及沿街立面。

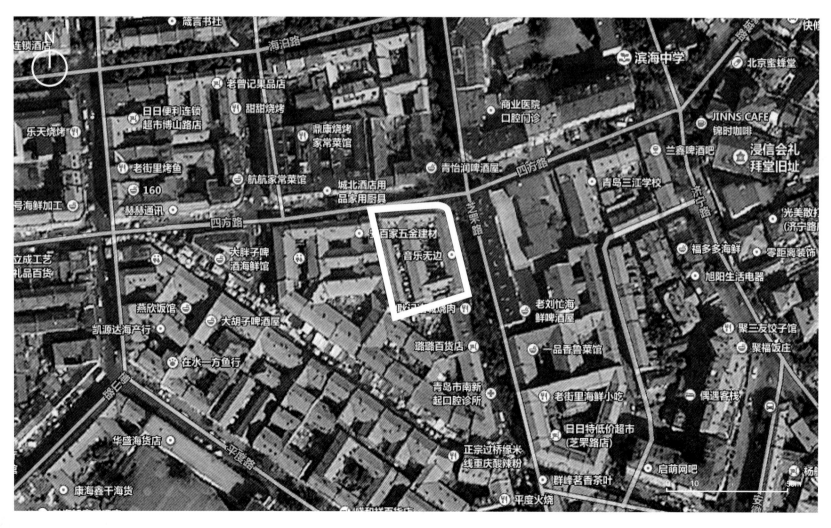

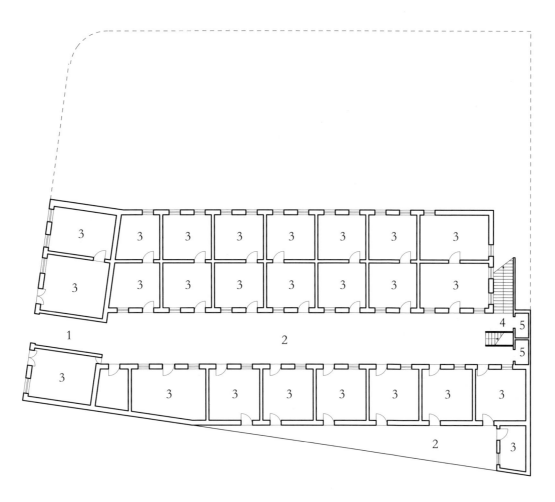

地下室平面图

0 1   5   10m

1. 入口   3. 住宅   5. 便所
2. 内院   4. 楼梯

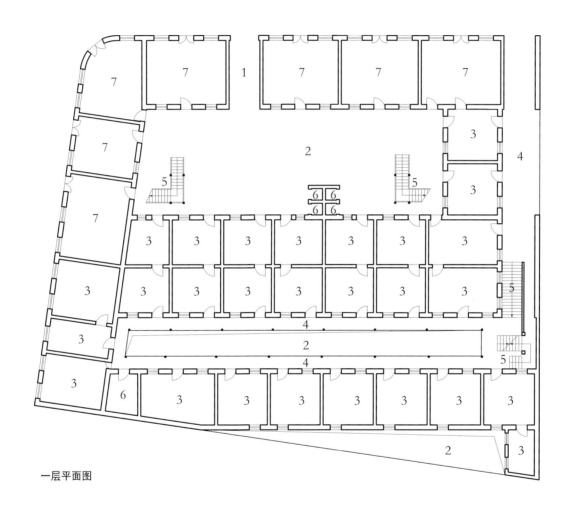

一层平面图

1. 入口   3. 住宅   5. 楼梯   7. 商铺
2. 内院   4. 走廊   6. 便所

N

0 1   5   10m

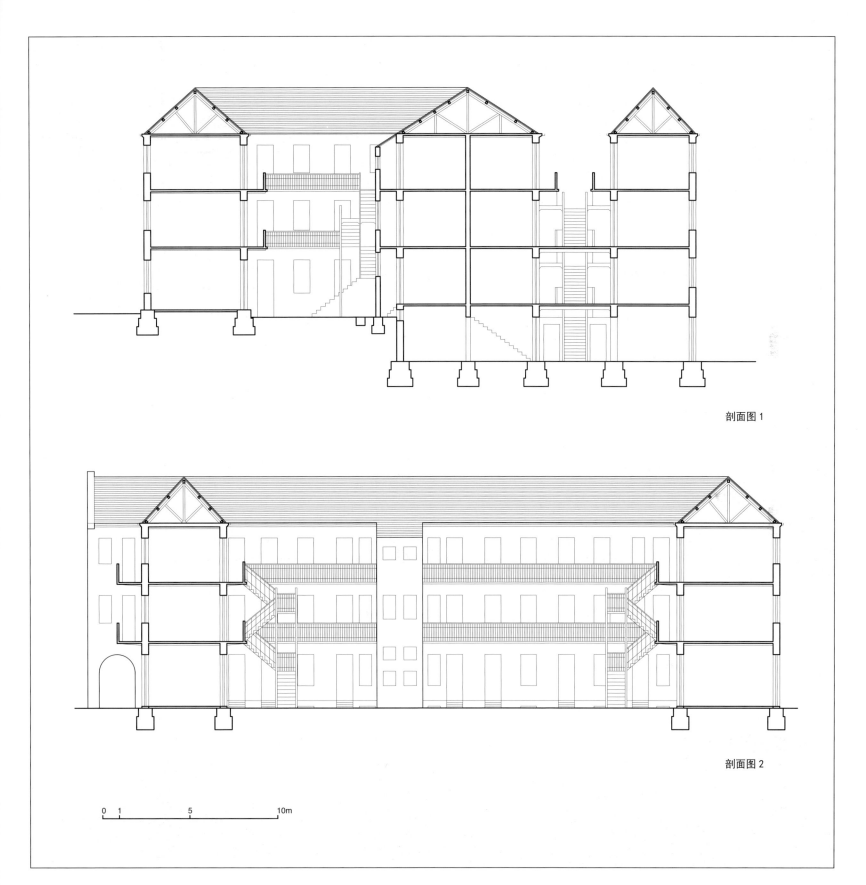

剖面图 1

剖面图 2

0 1　　　　5　　　　　　10m

17. 海泊路 23 号

立德里

在立德里院子中，楼梯作为院子的主要角色，被放置在中间，简洁直线的造型直接由功能而来，同时拐角处的直线处理也使得整个楼梯的造型雕塑感十足。

海泊路 23 号，原名"立德里"。立德里在海泊路上，芝罘路和济宁路之间，位于道路的北侧。整个院子整体基本是一个规矩的矩形，东西宽 19 米，南北长 23 米，院子共有 3 层。由于地形的高差，立德里的二层和三层在街道标高以上，而一层在街道标高以下。从沿街主入口进入后到达的是二层，从正门进入后是院子中的主楼梯，通往院子的一层和三层。

海泊路 23 号主入口及沿街立面。

从入口一进来，面对的是一个下沉的院子以及一上一下两个楼梯。

连接二层和三层的楼梯转折处，楼梯的转折与支撑走廊的柱子形成对位，说明着楼梯形式的结构逻辑关系。

院子中的楼梯并没有采用简单的两跑楼梯形式，而是通过更为直接的方式将各楼层进行连接。从二楼到一楼，由于不涉及遮挡问题，采用一段直跑楼梯连接东二楼到三楼，为了避开二楼沿街住户的门口，所以楼梯向上走一段后，并没有向回转180°连接三层，而是向后转90°，而把公用的卫生间设置在了正对楼梯的位置。

18. 河南路 35、37 号

尺度巨大的拱是河南路 35、37
号的最大特点。拱形被运用在
入口和楼梯间等公共空间，如
同管子一样的通道把人输送到
不同的位置。而拱形的重复和
交错的路径使空间产生了迷宫
的属性。

河南路 35、37 号位于天津路和大沽路之间的河南路上，位于道路东侧。由入口进入后是一个"T"形的门厅，左右分开各是一个长方形的院子，每个长方形院子后还有一个后院，可以通过一层院子尽端的通道到达。

河南路 35、37 号院除保留了完整的里院形态外，还保留了较为完整的楼梯形态，而更为吸引人的是楼梯踏步的做法。踏步都是很薄的一块块三角形状的石材插入旁边的侧墙，踏步与踏步之间通过粘结剂连接在一起，在楼梯转角处并没有做休息平台，而是继续向上，楼梯除了两边的侧墙外，中间没有梁作为支撑。

河南路 35 号入口及沿街立面。

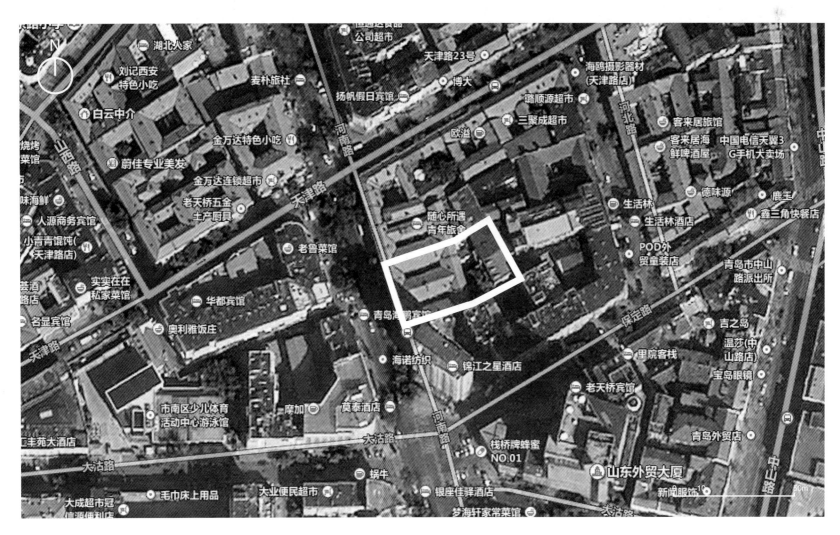

19. 高密路 56 号
广兴里

广兴里是调查当中遇到的最大里
院。里院占据了一整个地块，形
态根据道路地势上下错动，院子
中曾经是市场和戏院，但现在已
经被住户自家盖的房子占满。

广兴里是调查中遇到的最大里院，院子北侧是高密路，南侧是海泊路，西侧是博山路，东侧是易州路。根据查阅青岛城市建设档案馆，检索到编号 1933-0073 档案对该里院改造情况的记载。"档案记录的改造部分为易州路、高密路交叉路口附近的部分，改造部分的业主为恒吉公司代表刘文昭，家住中山路 43 号，登记的技师为廖宝贤，家住中山路联益，营造厂在记录时未确定。"在档案最后还记载着"查该处是带有地下室之二层楼市房在易州路高密路口一部分已被火烧惟墙壁尚未倾斜谨呈"，在采访中，我们也了解到广兴里曾经发生过火灾。

根据对居住在广兴里徐奶奶的采访，院子中间最早有三条水道，水流自东向西，水道中的水为广兴里居民的公共水源，居民日常生活取水用水都是到水沟旁边。后来广兴里中间的院子中建起了一个菜市场和戏院，戏院后来又改成电影院，文革时期命名为"小光荣"电影院。现在院子中间已经被居民的自建房占满。

高密路 56 号入口及沿街立面。

153

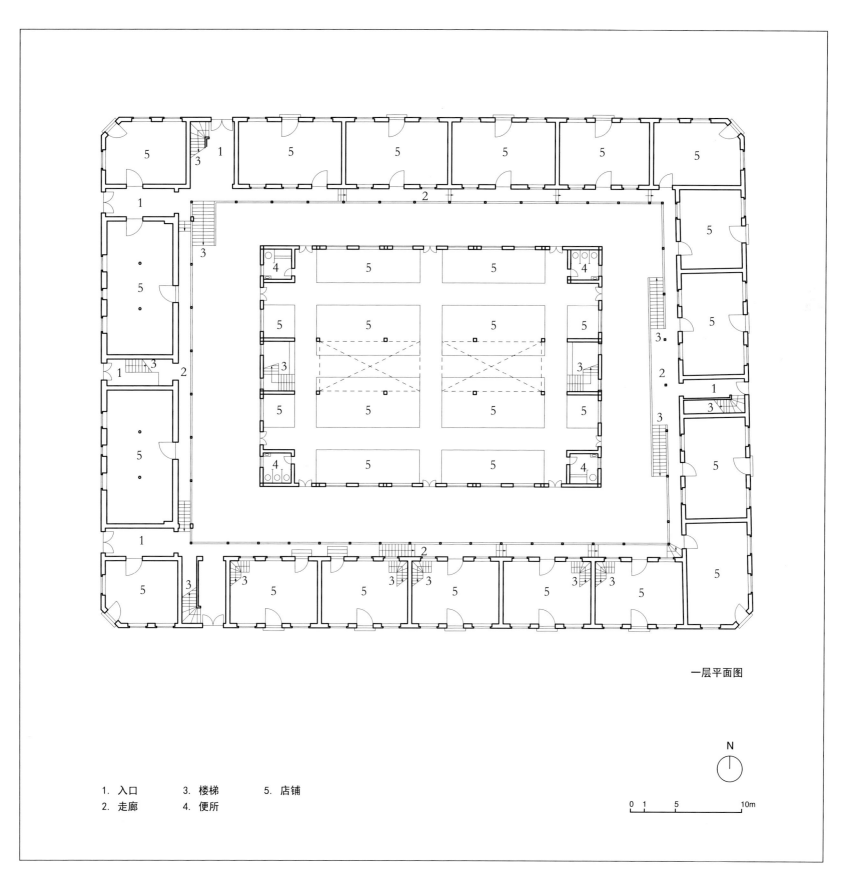

一层平面图

1. 入口　　3. 楼梯　　5. 店铺
2. 走廊　　4. 便所

N

0　1　　5　　　　10m

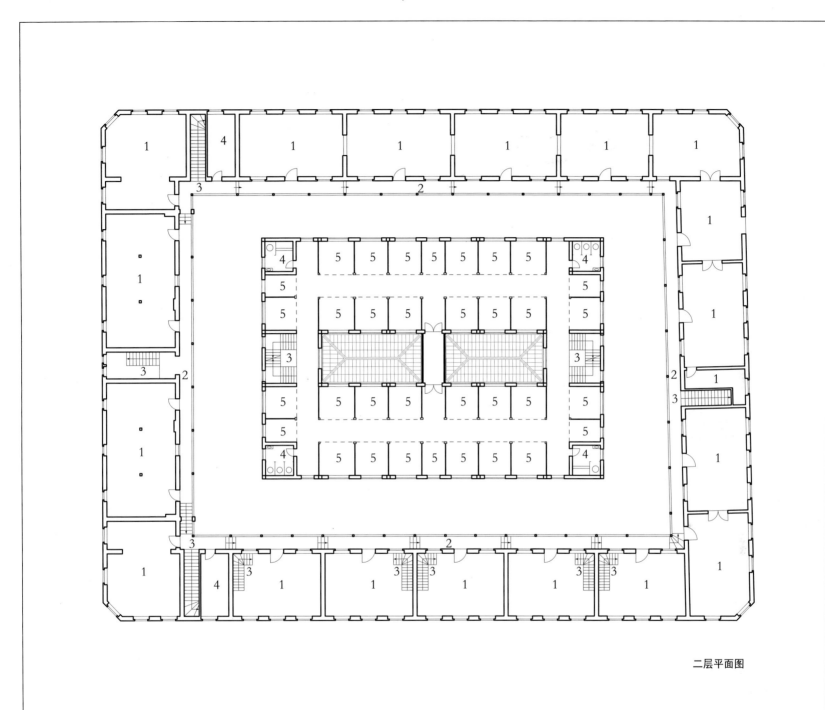

二层平面图

N

0 1 5 10m

1. 住宅　　3. 楼梯　　5. 店铺
2. 走廊　　4. 便所

20. 芝罘路 6 号

安庆里

安庆里在芝罘路、平度路和安徽路的交叉口处，由两条路的交汇形成了很小的锐角。在这个锐角的位置，是安庆里的一个公共楼梯间，同时楼梯间的一层也开有一个入口，可以方便人从此进入。楼梯顺着两条道路的角度盘旋上升，形成了非常丰富的变化。

芝罘路 6 号，曾叫"安庆里"，位于芝罘路、平度路和安徽路交叉口的西北角。根据查阅青岛城市建设档案馆，检索到编号 1936-0018 档案对该里院修理墙皮及修理走廊楼梯的工程档案记载。档案记载的修缮时间为 1936 年 7 月 9 日，登记的业主叫罗云峯，年龄 38 岁，籍贯高密，职业商人，住东阿路 16 号，登记的技师是长末冈雄平藏单位，住福益利都洋路行 51 号，建筑目的为住宅及商店，建筑种类为砖石造房洋灰地，建造期限为批准之日起 5 个月内竣工。

安庆里由于面积较大，房屋涉及两条道路，所以设有多个出入口，在芝罘路和平度路上各有两个，在两条路的交叉口处有一个出入口。院子在中间空隙较大的地方沿着两条街道的垂直方向增加了一排住居，把一个大院子分割成了两个院子，这样大大提高了土地的利用效率。

在芝罘路和平度路的交叉口处的楼梯间入口。

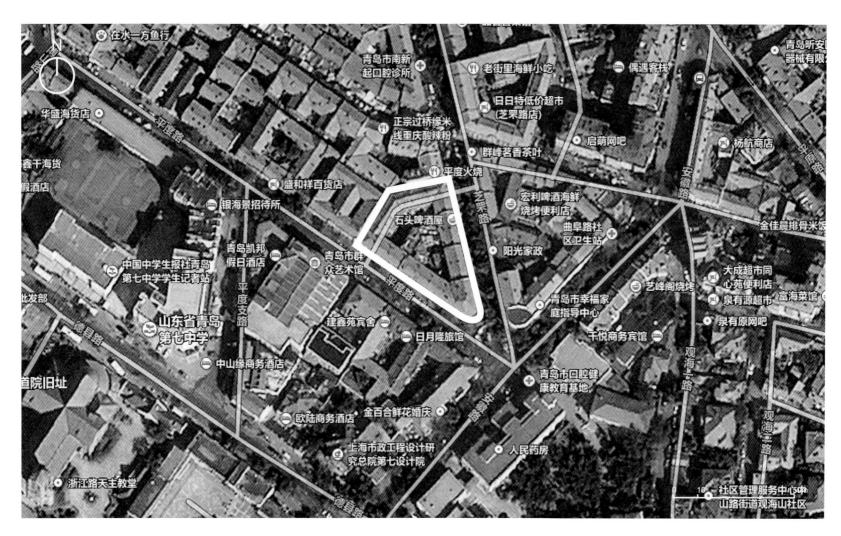

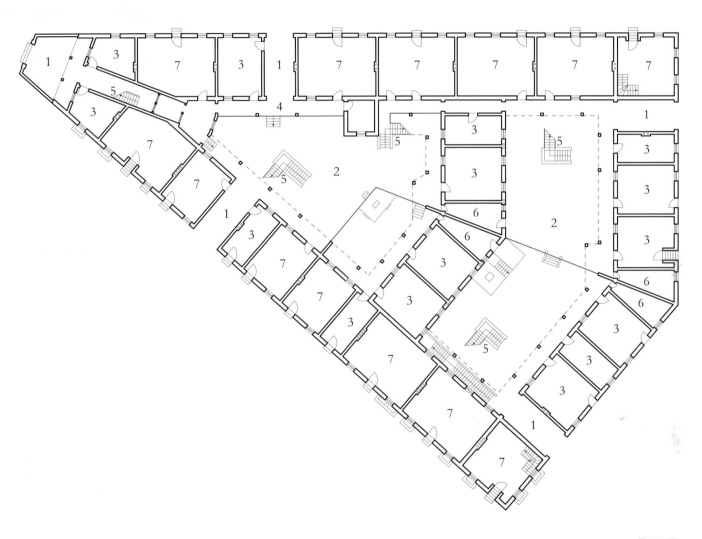

一层平面图

N

0 1 　　5 　　　10m

1. 入口　　3. 住宅　　5. 楼梯　　7. 商铺
2. 内院　　4. 走廊　　6. 便所

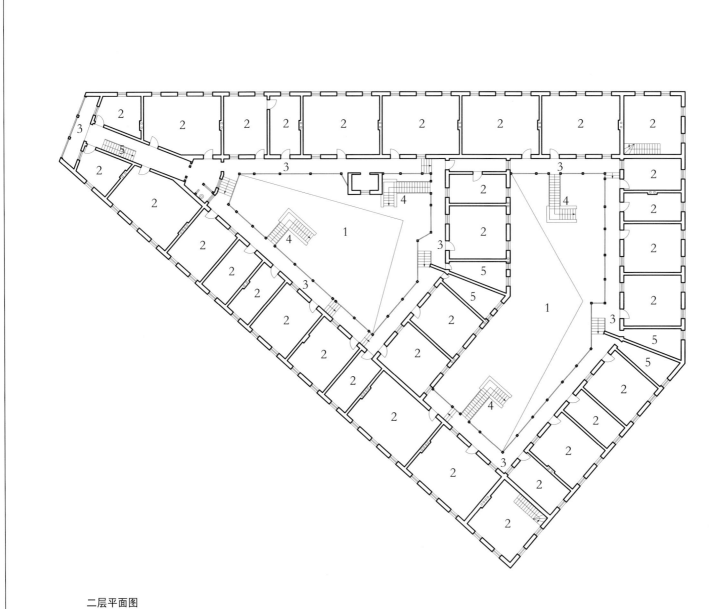

二层平面图

1. 内院　　3. 走廊　　5. 便所
2. 住宅　　4. 楼梯

0 1　　5　　10m

N

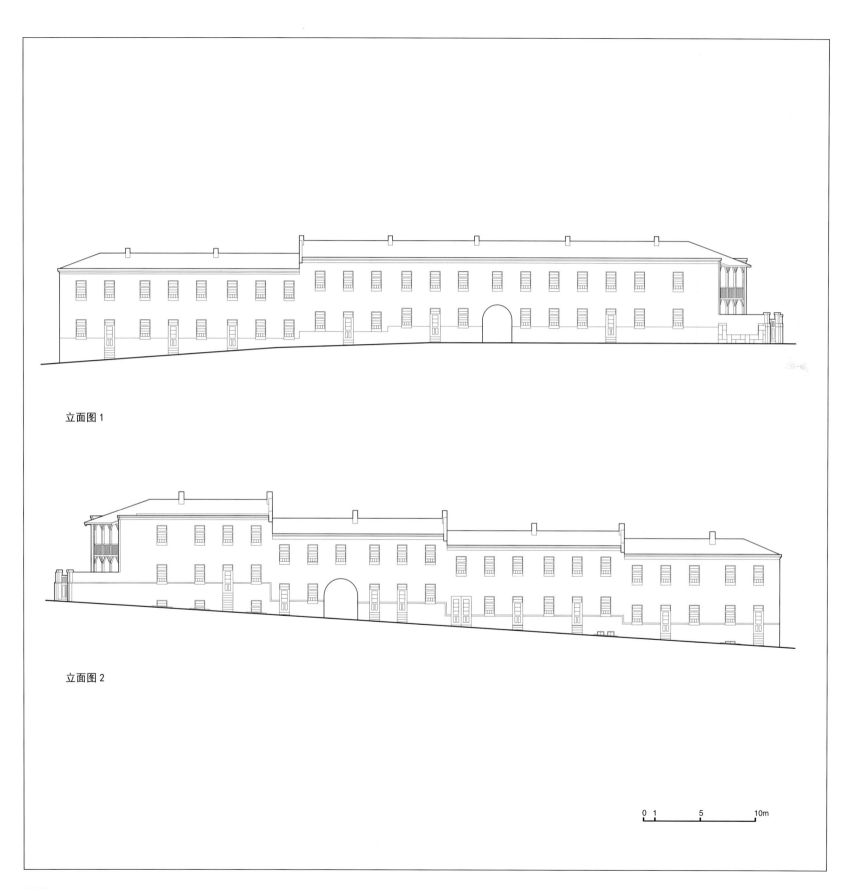

立面图 1

立面图 2

0 1　　　5　　　　10m

楼梯扶手设置得简洁而直接，转角处也没有使用任何的手法处理，完全是体块的直接碰撞，楼梯和扶手体现了一种没有设计的美。

楼梯底部并没有用抹灰找平，而是直接裸露出踏步的原始形状，而三角形的楼梯间、楼梯的曲线产生出了一种带有紧张感的美。

21. 四方路 19 号
平康东里

四方路 19 号具有鲜明的里院特征，内部空间以及布局逻辑却与里院完全不同，三个并排的院落，院子中屹立的剪刀楼梯，以及屋顶上林立的烟囱都带有一种刚毅的力量感。

四方路 19 号，曾叫"平康东里"，位于西方路和易州路交叉口的东北角，院子的入口在四方路的路北。四方路 19 号共分为三个院子，但都从同一个入口进入。入口呈"T"字形，从街道直线进入后，到达一条横向的走廊连接三个独立的院子。院子都为南北走向，4 层高，但每一个院子的布局各不相同。中间的院子地势略高，在院子两个尽端设置了两个一跑的室外楼梯，而左右两个院子则是在院子中设置了对称布局的类似于双跑剪刀梯的室外楼梯，同时还有一个单独的一跑楼梯通到屋顶。屋顶采用平屋顶，铺油毡防水，同时通过踏步和台阶使得有高差的屋面可以连通。根据对于居民的采访了解到，四方路 19 号是由俄国人主持建造的。

从四方路和易州路交叉口处看的四方路 19 号立面。

四方路 19 号的屋顶平台平整、宽敞，表面铺以油毡作为防水材料，居民在屋顶平台上晾晒衣物、养殖植物。屋顶上除了建筑四周，中间的天井旁边并没有设置明显的护栏或挡板。

由于地形存在高差，三个院子的标高也各不相同，在屋顶上，有台阶可以通向不同高度的屋顶，使三个院子的屋顶连成一个整体。

中间的院子只有一面有住房，同时在院子两端放置了两部室外双跑楼梯，都可以直接通向屋顶，顶层的走廊没有采用支撑结构，顶板直接跳出，也并没有梁支撑。

东西两侧的院子中，连接各楼层和屋顶都采用的是剪刀梯。剪刀梯设置在院子的中间，使得院子各处的居民距离楼梯都能有一个较为合适的距离。

东西两个院子中的剪刀梯在三层与楼顶连接的部分，楼梯梯段减少为一跑，通过减少楼梯的数量，对通向屋顶的人流进行控制。

剪刀梯的一层是一个双分式的楼梯。楼梯的起始部分位于院子的正中间，到达休息平台后分向左右两边，到达东西两侧的二层走廊。楼梯的起始梯段朝向入口的走廊，方便居民的进出。

东西两个院子的走廊北侧采用
了不同的处理手法。西侧院子
的走廊北侧采用了没有竖向支
撑的直线布置，北侧的走廊与
东西两侧的走廊向垂直。

东侧的院子北侧走廊一层和二层采用了竖向支撑，并且采用了梯形的平面布局。竖向支撑的柱子作为走廊平面上的两个拐点。

22. 陵县路 43、45 号

陵县路 43 号和陵县路 45 号是
一组院落，院落临街的住居内
侧是公共走廊，走廊的支撑采
用砖混结构，顶层为拱形，北
侧原为存放货物的仓库。

陵县路东侧的 31、43、45、49 号为 4 个 20 米面宽 ×40 米进深的相似里院，院子西侧沿街的部分是一座 3 层高的住宅，院子靠东侧在建造初是一个两层高的仓库，后由于居住人数增加，居民也将其改造成了住居。位于中间的陵县路 43 号和 45 号虽然中间有明确的隔墙，但由于两侧更高的房屋使得两个院子中间产生了一个公共的空间，由此两个独立的院子在空间中整合成了一个大的方形院子。根据对居住在陵县路 49 号院居民的采访得知，陵县路附近一直以来为青岛驻军和家属宿舍区域，在这里居住的老住户多为退伍军人。

陵县路 43 号入口及 43 号、45 号的沿街立面。

23. 河南路 43 号

河南路 43 号一层与二层连接的楼梯共有 22 个踏步，中间没有设置休息平台，这种直线的楼梯紧贴着院子的边界，减少了进深，增加了院子中可使用的面积。

河南路 43 号位于青岛市市南区河南路与天津路交叉口东侧地块，占地面积约 500 平方米。主体为"口"字形 3 层里院建筑，其四面布置有环形走廊，其中第二层外廊为混凝土支柱，第三层则为木质支柱。院内西北侧和西南侧建有两部楼梯，两套楼梯沿院内对角线相互对称。

河南路 43 号在天津路上的沿街立面。

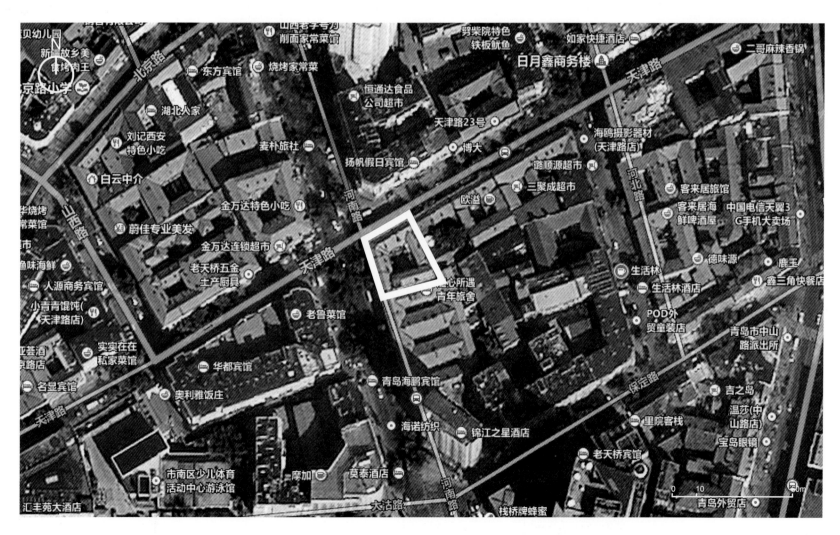

院子里的室外楼梯并没有采用常见的折线路径，而是直接通到下一楼层。这也属于后期里院的一种典型类型。

24. 宁波路 27 号

材质的区分使宁波路 27 号北侧
的走廊格外明显，这种横向的
线条削弱了五层的高度，也让
整个院子产生了一种韵律感。

宁波路 27 号位于宁波路和甘肃路交叉口的西北角。该里院修建于新中国成立以后，属于后期里院，体量大，东西宽度约为 48 米，南北长度约为 40 米。里院整体形态是一个紧紧契合基地边缘的不规则形，产生了最大限度的建造面积，基地西北侧低，东南侧高，从宁波路和甘肃路的交叉口上看，建筑为 4 层，而院子中为 5 层，主入口位于宁波路上。

宁波路和甘肃路交叉口处的宁波路 27 号立面

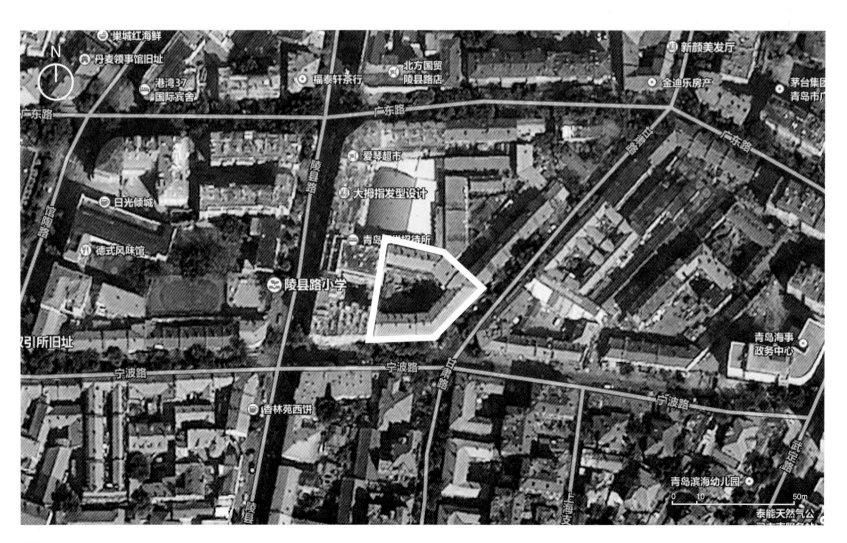

25. 博山路 9 号

博山路 9 号中，有两栋在院子中加建的小住宅，住宅紧贴着两个室外楼梯，造型是简练的方体，在面对院子里的墙上开两个竖向的方窗，加建的住宅屋顶上，居民又再次加建了屋顶花园。整个院子的空间和层次因此变得异常丰富。

博山路 9 号位于博山路与平度路交叉口的东侧，院子南北方向 33 米，东西方向 30 米，院子整体为 3 层，呈现为沿道路走向不规则的五边形。在查找到的图纸资料中，院子中仅有两部室外楼梯，而现状中居民在院子内后加建了两座 2 层小住宅。

博山路 9 号的沿街立面。

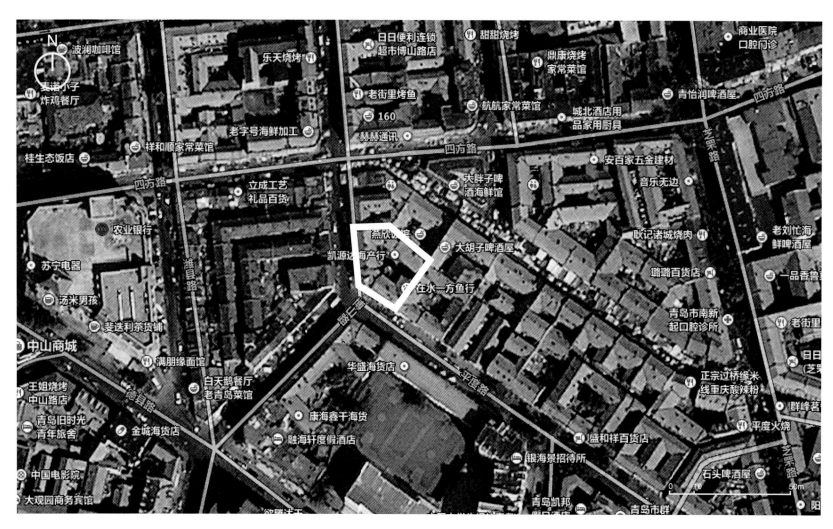

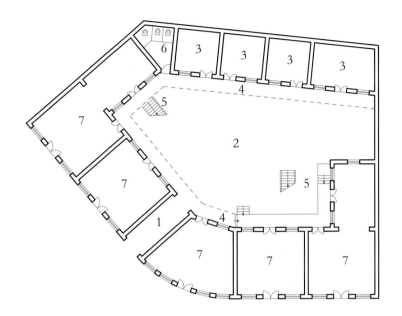

一层平面图

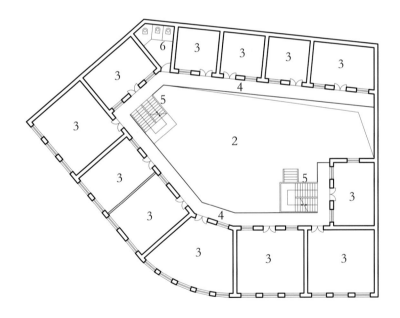

二层平面图

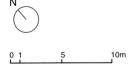

N

0 1 　　5 　　　10m

1. 入口	3. 住宅	5. 楼梯	7. 商铺
2. 内院	4. 走廊	6. 便所	

立面图 1

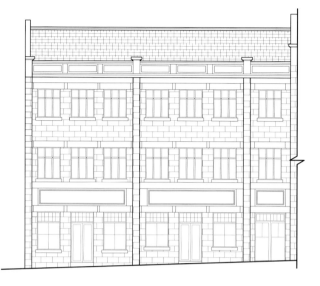

立面图 2

立面图 3

0 1   5   10m

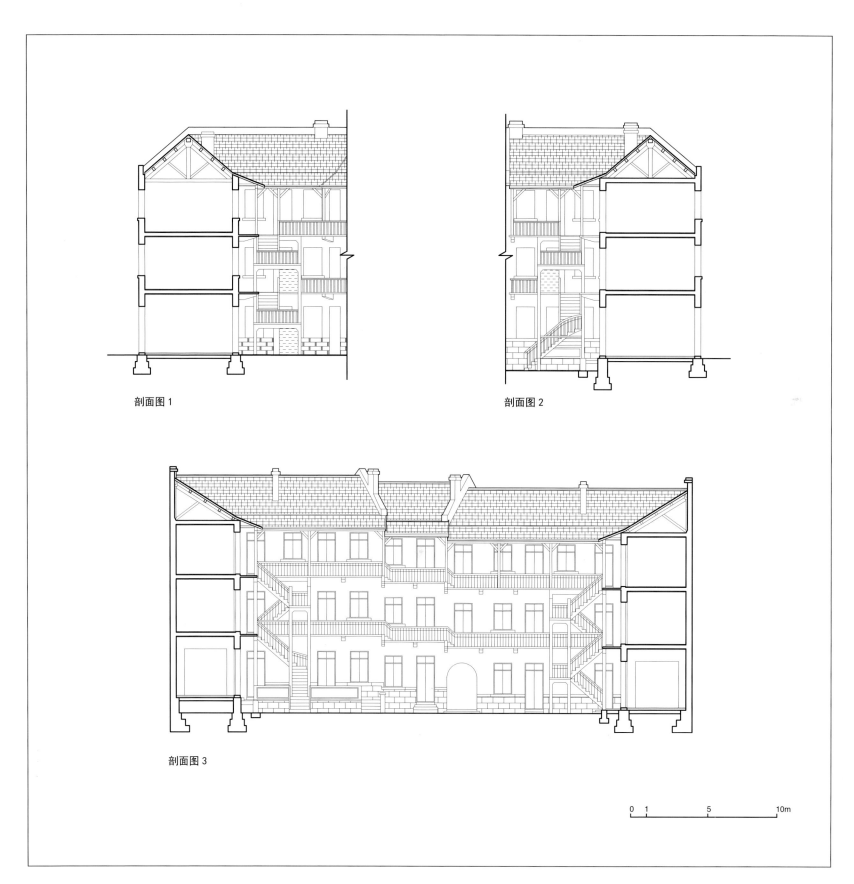

剖面图 1

剖面图 2

剖面图 3

0 1   5   10m

26. 保定路 10 号

里院客栈

里院客栈位于青岛市河北路和保
定路交叉丁字路口的南侧。建筑
平面为 8 字形，形成两个院子，
东边的院子内立面相对封闭，为
客栈的公共空间，西边的开放一
些，为住宿房间部分。

这个里院为两进的院落，现在被改造为一座客栈。经过长期的使用，里院内原来的木质结构与围护都腐朽破败，改造者想通过复原原本的木结构状态让前来住宿的旅客感受里院本来的面目。

东边的院落内景，建筑的立面比较封闭。

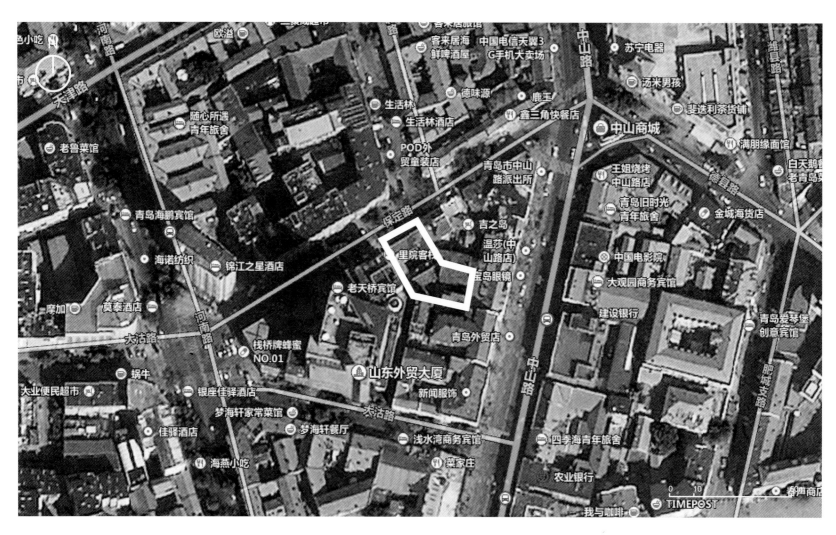

27. 上海路 42 号

裕德里

上海路 42 号的室外楼梯通向局部加高的三层和四层，使得楼梯成了院子的制高点，可以一览整个院子。

上海路 42 号位于陵县路和上海路交叉口的东南角。根据查阅青岛城市建设档案馆，检索到编号 1952-0056 号档案对该里院改造的工程记载。"该里院曾叫'裕德里'，改造年代为 1952 年 8 月 28 日，业主名叫杜均寰，改造预算为 4 万元。"

在上海路上看上海路 42 号入口及沿街立面。

28. 高苑路 3 号

高苑路 3 号并不算是一个严格意义上的里院，进入院子有一个连接左右两座住宅的二层走廊，走廊与地面由一个楼梯连接。

29. 东平路37号
文兴里

东平路37号位于青岛市市南区东平路中段东北侧，由5个相对独立的里院组成。五个里院的组合平面呈梯形状态，长约63米，宽约37米。

东平路 37 被中间的小巷分隔为东北两排：一号院、二号院和三号院分布在北侧，四号院、五号院分布在南侧。5 个里院紧密排列，形成较为规整的布局状态。三号里院主体建筑为 3 层，其他里院主体建筑为 2 层。5 个里院均采用了相同的建筑形态，即在院中三侧建设房屋，而靠近小巷的一侧竖立围墙，这样主体建筑面对小巷形成一种开敞的姿态。5 个院子均建有 2 套楼梯，只有三号院采用了最为普遍的双跑楼梯，其他里院则采用了 90° 的折角式楼梯。

5 个里院建造手法相似，应处于同一建造时期。但是三号院外廊支柱的材料和方式与其他里院不同。除三号里院外，其他里院二层外廊支柱为木质材料，而三号里院为混凝土材料，且支柱外表棱角贴覆有金属材质边框，尚不知此种做法有无结构作用。调研之时，5 个里院已孤立于一片空地之上，应已进入拆迁计划之中。

从东平路看小巷入口。

一号院楼梯在院子内部，与二号院相反，对称向内延伸。

二号院外廊之上看向门口，院子采用中心对称的布局，进门后左右两边各有一部折线楼梯通向二层。

三号院为对称造型的 3 层砖混
结构，柱子使用钢筋加固。

四号院内也是左右对称结构，
进入之后左右为两部楼梯，连
接一层和二层。

五号院中两部楼梯位置有所不
同，但院子整体结构与 4 号院
相似。

30. 中山路 200 号

北京路 200 号中的楼梯是里院中造型最为夸张的，"Y"字形的楼梯正对入口，两边有一部折线楼梯连接各个楼层。由于院子面积有限，楼梯几乎填满了院子的空间，使得楼梯成为了院子的主角。

中山路 200 号位于中山路和李村路的交叉口处，在中山路西侧，主入口向东，正对李村路。中山路 200 号由 3 个院子组成，均为 3 层，并有 1 层地下室。三个院子中中间的院子最大，进入后正对一个"Y"字形楼梯连接各个楼层，左右两个院子也各有一部楼梯。

在中山路中看中山路 200 号的沿街立面。

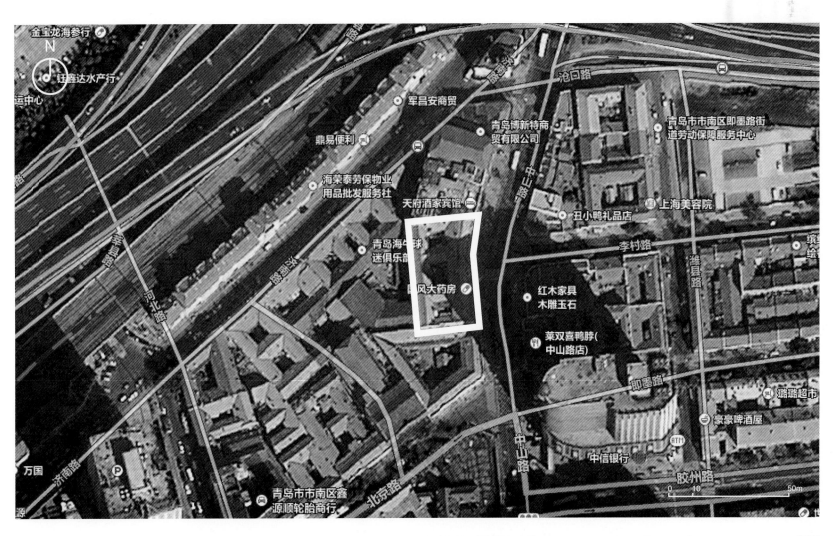

北京路 200 号中的居民将公用走廊封闭，形成自家可使用的空间，院子变成了一个天井。

31. 宁波路 37 号

起业里

起业里，位于青岛市市北区宁波路 37 号，位于馆陶路与陵县路之间的宁波路路北。北侧有一个运动场，院子只有三面围合，地势东高西低，建筑也随着地势缓坡呈阶梯状。

在宁波路上的起业里入口及沿街立面。

宁波路 37 号，曾叫"起业里"，位于陵县路与馆陶路之间的宁波路上，在道路北侧。根据查阅青岛城市建设档案馆，检索到编号 1936-0477 号档案对该里院建造的工程记载。档案记载该里院建造时间 1936 年 9 月 10 日，为新筑楼房，建造业主为山东起业株式会社代表待鸟又一，年龄 50 岁，籍贯日本，职业为社员，住址馆陶路 6 号。建造工程师为筑紫庄，建造的目的为商业店铺，建筑种类为砖石，建筑面积为 673 平方米，建造预算为 13000 元。

宁波路 37 号现状为一条沿街的里院建筑，院子东西两侧突出为公共卫生间，用这两个部分来围合出一个细长的院子，院子有 2 层高，根据地形起伏东侧高、西侧低。

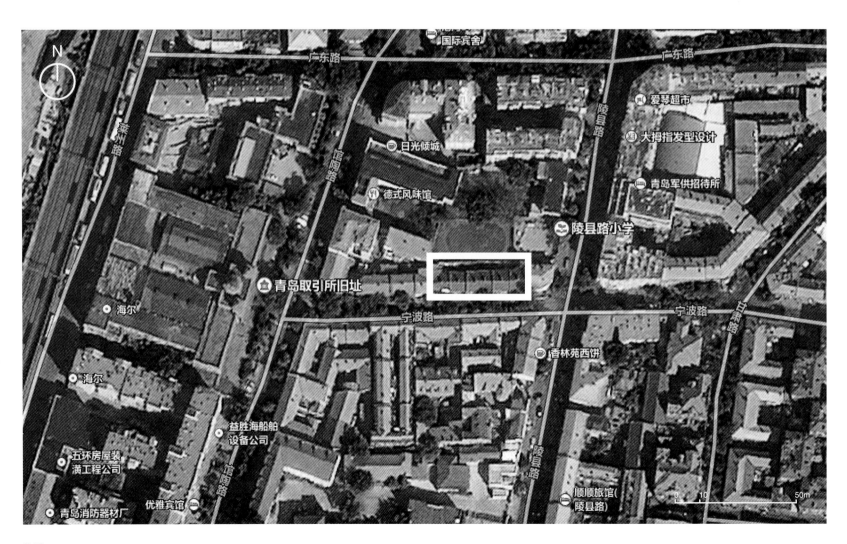

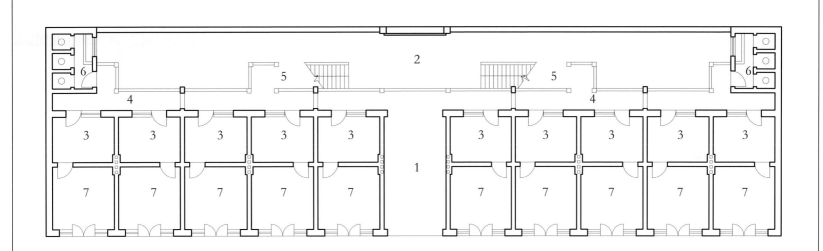

一层平面图

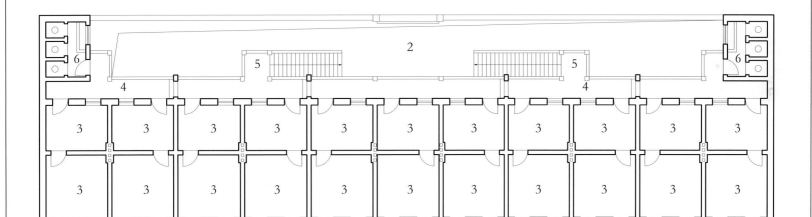

二层平面图

N

0 1   5   10m

| 1. 入口 | 3. 住宅 | 5. 楼梯 | 7. 商铺 |
| 2. 内院 | 4. 走廊 | 6. 便所 | |

243

立面图 1

立面图 2

0 1 5 10m

入口旁边是直通向二层的楼梯，楼梯共有 22 级踏步，中间没有设置休息平台。

起业里对面的建筑已经拆除，建成了一个运动场。

32. 博山路 92 号

博山路 92 号位于博山路的北段，和即墨路 22、26 号由南边的一座长条楼将北面的三个院子串在一起，北面是即墨路，南面临胶州路。

博山路92号由三个院子组成，三个院子近似方形，都为3层高，南边的楼为四层。"U"字形院子和长条楼交接的空间比较丰富，这些地方有楼梯与走廊，交通空间穿透主要体量形成很多隧道似的空间，这些空间光线很暗，外面院落阳光充足，人们漫步在其中，仿佛通过时间隧道穿梭于不同的院落之间。

在即墨路上看博山路92号北立面。

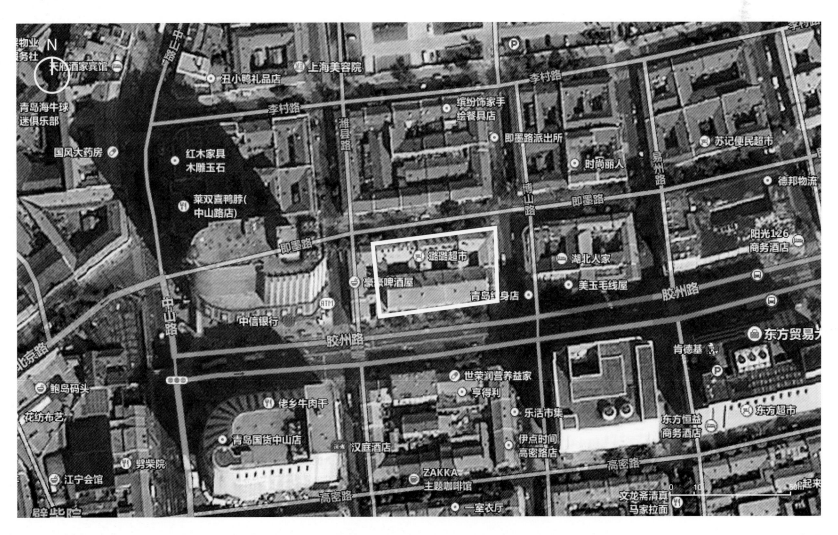

左页图为从入口走道看向院子内部，本页为从另一入口看向街道。不同的走廊空间，局促狭长，室外光线像是被桶状腔体吸进来一样，外面的风景被推远，变成彼世的存在。

33. 黄岛路 17 号
平康五里

位于青岛市市南区黄岛路 17 号的平康五里是调研中见到的最震撼的里院。里院 4 层高，五边形，院中有一座四层高的厕所，其山墙面对着入口。从门洞进来，下几步台阶，绕过屏风墙，这座高耸挺拔的山墙便映入眼帘，视觉冲击感极强。

黄岛路西高东低，坡很缓，石板路面大而平，台阶也不高，如走平地。路上有个热闹的小市场，卖鞋的、卖日用品的，还有卖菜的，把这条原本就不宽的路挤得更加狭窄，在不断穿梭的人流和各种叫卖声中平康五里静静地矗立在这里。早在1930年代时，这里曾经是青岛最高档的妓院。1951年青岛取缔了所有的妓院，平康五里变为了普通住宅使用，当时刚刚搬进来的董云庭老人回忆说，自己站在院子门口愣了半天，"这里面真漂亮、真干净，装修也好，刻的花纹很细。"

刚走进黄岛路就能看见平康五里的入口门洞。

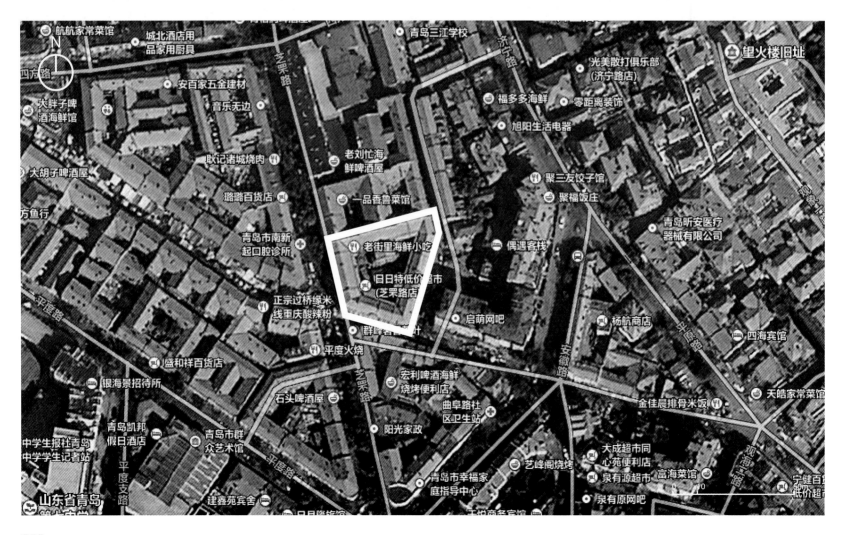

从连廊走入楼梯间。由于这两者都是开敞的，柱子与栏杆等部件全都显露在外。人走在回廊里，透过细柱往外看去，仿佛在园林当中漫游。

从四楼的走廊透过楼梯间往院里望去。空间上产生了丰富的层次感。

258

室外环廊里、楼梯的休息平台上到处都是居民的日常物件与植被。生活气息与多样的空间很好地融合在了一起。

楼梯的顶端设有小的杂物间。木质的小盒子体现出居民对空间的灵活使用，同时也分割出了两个不同方向上的视野图框。

里院里住 170 余户人家，多数都是在青岛的打工者，本地人不多。这里每户没有独立的卫生设施，所有的卫生间都集中在院子中心位置的大厕所里，生活很不便利。公共空间里堆放着居民的生活杂物，也包括一些拾回来的生活垃圾，卫生状况不是很好。4 层楼的里院每层层高都比较高，围出一个五边形深井似的院子，院子中有座很独立的双坡顶小房子，像是故意放在这里的陈列物，靠在大山墙的边上若即若离。

第 4 章　研究分析

青岛大鲍岛里院形制探究

青岛作为一个具有典型西方城市特征的中国城市，其独特性使得对它的研究更具有现实的指导意义。本部分从青岛的城市建设和大鲍岛的里院建设历史入手，梳理出青岛里院的形态类型和建筑特征，探究不同的文化从"他者"到"正本"的转化过程，以为中国现阶段的城市建设提供指导。

一、青岛城市建设历史速览

青岛是德国在 1897 年以武力占领的中国城市。由于当时德国一直希望在中国沿海拥有一个军事和贸易基地，但是多年外交手段无果，在此情况下武力夺得。由于胶州湾优厚的地理条件，德国便本着长期经营的打算，致力于将青岛建设成为当时在远东地区最有影响力的军事和自由贸易港。与德国在非洲和南太平洋的殖民地由德国外交殖民司管辖不同，青岛直接由帝国海军部管理，这使得青岛在建设资金和专业技术人员采用上有了很大的优势。建设资金主要来自帝国海军部在青岛自己获得的收入和部分德意志帝国的国家资助，可不必像德国其他殖民地建设一样受制于国库，使青岛的建设更加有效。而且青岛的规划启用了当时非常了解中国情况的技术人员，他们都有在中国居住多年的经验。规划者不用首先从经济上考虑，而是从当地的地理、气候以及社会和文化特点入手，进行科学的规划。虽然青岛的建设从规划经验上移植了德国本土（或当时欧洲）先进的规划理念，但同时也结合了青岛本地民居的建设经验。因此青岛里院属于东西方两种空间类型的混合产物。青岛里院从平面布局、某些细部特征来看完全移植西方，但从空间尺度、形态类型和建筑特征上看，与同时期的柏林住宅又有很大不同（图 1），其中既有对中国其他殖民地建筑形态的学习，又包含了中国传统的居住习俗。因此，青岛的里院作为一种移植于德国，又在青岛本土播种并生根发芽的建筑形式，与原型相比出现了许多变异。

二、大鲍岛里院建设历史速览

大鲍岛是目前里院保存最多、最完整的区域，范围主要集中在大鲍岛华人区的方格网区域中，因为它是德国占领时期最早进行规划和开展建设活动的区域。1898 年 9 月德国首次公开的青岛建设规划（图 2）中就初步完成了大鲍岛方格网的规划设想；1899 年 10 月的建设规划图纸有了比较成熟的街道划分，包括外部边界分为五横六纵的 11 条街道，均位于现今的海泊路以北（图 3）；到了实际建设期间，海泊路以北的街道被最终确认为六横六纵，完成了大部分街区的实际建设，并开始逐渐向南（向欧人区）扩张，形成了目前德县路以北的一个街区，从 1901 年 10 月的建设状况图中就能窥探一二（图 4）。到了 1906 年，四方路以北七横六纵的 29 个街区基本建设完毕（图 5）。接下来，至日本 1914 年占领青岛之前，德国人的殖民建设主要集中在欧人区和大鲍岛之间，逐渐模糊了早期规划对于欧人区与华人区严格分开的界限，形成一个城市整体（图 6）。1914 年后，青岛先后被日本、北洋军阀、国民政府接管，随后是日本的二次殖民、国民党伴随美军入驻，直至青岛被解放。但是青岛城市结构因德国占领时期先进的、卓有成效的十年期规划而一直延续至今。

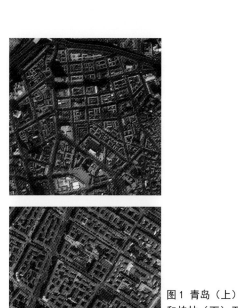

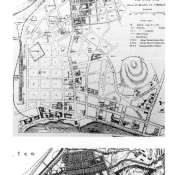

图4 青岛的建设情况（1901年10月）

图1 青岛（上）和柏林（下）卫星鸟瞰图对比图，图幅尺寸为800米x800米

图5 青岛的建设情况（1906年10月）

图2 拟在青岛湾新建城市的建筑规划图（1898年9月）

图6 青岛的建设情况（1913年）

图3 青岛建设规划图（1899年10月）

青岛里院建筑平面形态的分类研究

图1　胶州路136号属于基本的单侧式形态

图2　甘肃路42号采用典型的"L"式形态

图3　周村路54号

图4　高密路56号是最典型的"□"式里院

一座叫青岛的滨海城市，先后2次正式调研经历，总和12天的行程，关于308个院子的调研成果，20000张最真实的记录照片。显然，近距离触碰里院相比于看杂志上那些新建筑所获得的感官体验是完全不同的，当一个建筑真真正正落到使用者的手里，才是向使用者展示出建筑的真正魅力以及建筑师关于生活意义的理解。表面上看来，里院建筑已经不能完全满足某些现代生活的居住需求，但当我们把视角转到建筑设计的方向上来看，里院建筑对于我们这样的观察者来说仍然具有一定程度的启示作用。在资料收集和整理的过程中，里院建筑的种种平面形态引起了我的兴趣。

在对所有调研对象进行资料整理的过程中可以发现里院建筑虽然大都为封闭式庭院建筑，但总体的建造形态却各有不同。通过梳理所有里院的整体形态，将其进行归类总结，得出了一个好似从简到繁的过程。

相对于城区街道，绝大部分的青岛里院都属于封闭的围合式建筑，院子大都通过一个门洞或临街的商户与外面的街道连通，而内部则大多由院子和二层以上的外廊相互连接。

我们设想一块空地是里院最初始的形态，那在场地单侧建造住宅房屋的方式则是一种最简单的里院形式，例如平度路37号、胶州路136号（图1）。到访这些里院后发现，随着居民对空间需求的增大，庭院空间被后期各式各样的加建房屋所吞噬，大都会形成一种杂乱的现状。若将这些后期加建考虑进里院形态的研究中的确有失规律性，所以，整理归纳也不将杂乱无规律可言的加建纳入研究的范围之内。

但上文提到的单侧式里院形态似乎并不容易达到将内部围合起来的效果，所以这种形态在现有里院之中并不多见。这种方式也只有在三面均有其他建筑的时候才会使用。

相较于单侧式里院形式，单独来看，并列式和"L"式里院形式更能体现出一种向内形态的院子特征。"L"式里院不但适用于接近正方形的地块（图2），还可以利用比较狭长的地块，例如高苑路2号。青岛老城区的其他内院式建筑也有很多使用了并列式的手法。例如长山路32号、德县路20号，靠街道一侧为殖民时期留下的独栋洋房，新中国成立后与其后方的加建房屋自然形成一个院子，这与并列式的方式具有相同的道理。

"匚"形里院是这次调研中遇到的较多的里院建筑形态之一，如周村路54号（图3）、芝罘路39号等。这种方式大多三面为建筑，第四个面为邻院建筑的后墙。走访的一些案例中通往二楼的楼梯也多设置于靠近第四个面的位置。这种里院形式基本可以形成一个独立的封闭庭院，但是同并列式相比较而言，匚式及L式里院会出现部分房间朝向条件相对较差的弊端。

在调研陵县路7号时，我们发现其主体形态虽然满足"L"式的形式，但是后续的加建又形成了"匚"式的形态。同样为了适应不同情况，"匚"式里院经过简单的变形，可以出现许多特别的里院形态，如宁波路27号。聊城路91号的建筑形式也类似于"匚"式，只是将交通核心及各层卫生间安放在中间位置，这一改变也产生了特别的天井效果。与楼内居民交谈得知，由于一层的饭店扩建占据了聊城路91号的院子，使得一个里院建筑退化为一个普通的4层小楼。

在青岛，现存最多的里院是"□"式里院，这也是建筑史上内院式建筑设计中最常使用也是最基本的形式。高苑路32号与高密路56号（图4）是"□"式里院形式的代表。

除去上文提到的"匚"式、"□"式等几种里院形式外，青岛还有其他丰富的里院形式，但仔细观察，大多数的里院形式也都可以看作之前提到的几种基本形式的

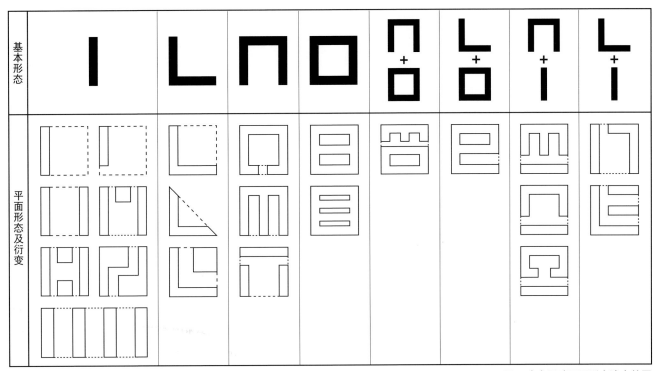

图 5 青岛里院平面形态演变简图

简单变化组合。例如，宁波路 28 号便是类似于"口"式和"匚"式的一种组合形式，北京路 5 号和黄岛路 17 号是一种"口"式的变形。

博山路 92 号、即墨路 22 号、26 号及甘肃路 31 号、27 号、23 号甲便是两组连续"匚"式里院连接而成的里院组团。另外，东平路 37 号一号院、二号院、三号院，也是三个独立的"匚"形里院的组合，特别之处是这三个里院的开口朝向街道，开口处使用了砖墙将院子围合。

几个"口"式里院的组合在青岛数量也很多，简单的组合如保定路 10 号及整体形式比较特殊的四方路 18 号。值得一提的是博山路 3 号及东平路 73 号，前者是两个"口"式里院组合的二进院落，在李村路及博山路都有入口可以进入院内。东平路 73 号是两个"口"式里院的组合，东西两院利用同一个单侧开口的通路连接

东平路，从卫星地图上看具有特别的均衡感。

同样，中山路 87 号是两个"L"式里院建筑的组合，而济宁路 61 号则是由"口"式同"匚"式产生的组合，上海路 55 号是"L"式和单侧式里院的组合，而馆陶路 17 号不但可以看作是"匚"式和单侧式里院的组合，还可以看作"口"式里院的一种拆解。

虽然青岛现存里院数量相当有限，但是其平面形态可以说涵盖了几乎所有的内院式建筑平面的组合方式（图 5）。通过将青岛里院建筑形式同其他居住建筑甚至某些具有历史意义的名作相比较，可以体现出青岛里院建筑在建筑平面形态上具有的广泛示范性，所以，我相信研究青岛里院建筑不但是对即将消亡的建筑形式的记录，同样会对现代建筑设计产生一定程度的启示作用。

青岛里院的构成之入口分析

里院由于其特殊的空间需求和建造年代，以及青岛独特的地理和人文环境，使得建筑的入口有着多种多样的形态和面貌。

经过对 275 个青岛里院的调查后发现，进入一座里院可能有多种方式，有的通过一层的商铺后门进入里院，有的里院楼梯间有一个直接的对外出口，而最直接的方式还是通过院子的公共主入口进入。

现有里院通常只有一个入口，在 275 个里院中 259 个里院都是只有一个公共入口，只有很少的里院有 2 个或更多的公共入口。其中入口最多的是高密路 56 号院，由于该里院面积较大，共设有 6 个入口，其中 5 个入口都集中在了靠近西边博山路的一侧。而像青城路 3 号和武定路 5~7 号两个里院，由于长度原因分别设置了 3 个入口和 2 个入口。

里院的入口设置位置是将功能性放在首位的，为了保证院子中可以得到更平均的通达性，入口一般都会放在里院沿街一侧正中的位置。在 275 个里院中，有 108 个里院的入口是设置在正立面居中的位置，有多个入口的会平均分布设置，如长山路 26 号、高苑路 9 号等。另一种普遍的方式则是把里院的入口设置在偏离中心的边角，这样设置的好处是可以节省空间，让出位置较好的中间区域开设商铺，如甘肃路 6 号、即墨路 25 号等。还有一种出入口的设置是当里院临街的面宽很窄，开设了商铺或勉强可以放下两套居室时，没有空间再放置出入口时，同时院子的旁边有小巷的情况下，里院的入口就可能会设置在小巷中的里院侧墙上。这种情况共有 23 例，如北京路 21 号、胶州路 31 号等。

里院入口按照开洞样式大致可分为方形和拱形两种，其中方形门洞的里院有 154 个，拱形门洞的里院有 101 个。所谓拱形门洞也分为两种，一种为真正的拱形，

由外到里始终为拱形造型，而另一种只是在门洞的两端做拱形的造型，而门洞内仍然为矩形空间。很多里院的门洞也被居民利用了起来，例如在拱形门廊拱顶下加一个木质的顶板，上面就变成了可以存放生活物品的储物空间（图 1）。在特殊情况下，一些里院的入口无法采用在一层开门洞的形式，而是有一个围墙，在围墙上开一个门，这种情况共有 20 例，如高苑路 2 号（图 2）、淄川路 7 号等。

由于青岛特殊的丘陵地形，部分道路坡度很大，也使得一些里院的局部地面标高低于某一段道路的标高，这使得有的里院从入口进入后，到达的并不是里院内的地面层，而是里院的二层，而后再通过楼梯的连接到达目的地。在被调查的里院中，共有 8 个将入口设置在二层，如北京路 5 号、济宁路 24 号（图 3）等。

在所调查的 275 个里院中，入口形式可分为"L"形、"T"形和直线形。"L"形入口，即进入里院先是一段直线的走廊，然后拐一个 90°的弯进入院子，这种情况通常为入口设置在角落的里院。这种入口形式的里院共有 19 个，在 19 个"L"形入口的里院中，有 17 个都是将入口设置在里院边角的位置，如山西路 11 号、天津路 43 号等。"T"字形入口，即进入入口后为一段直线的走廊，走廊尽端有一左一右两条通路。有 9 个里院的入口为"T"字形平面，这种情况一般是因为1 个里院中包含了 2~3 个小院的情况，如平度路 19 号、四方路 19 号等。而在"T"字形入口的里院中，胶州路 108 号的入口更为特别，它的入口分为两条岔路，一条岔路是继续沿着进入的方向上到里院二层，另一条是右转进入院子（图 4）。里院的入口最多的是一条笔直的走廊，直接进入院子，275 个里院中有 247 个里院的入口是这样设置的（图 5）。

图 1 芝罘路 9 号入口拱门中加建的夹层

图 2 高苑路 2 号院子的入口

图 3 济宁路 24 号入口在二层的高度

图 4 胶州路 108 号的"T"形入口

图 5 即墨路 57 号里院入口的走廊是具有典型性的青岛里院入口形式

青岛里院的构成之楼梯分析

里院作为一种集合式住宅，楼梯是其非常重要的空间组成部分，是解决竖向交通最重要的手段。本部分将从位置、材质、样式、数量四个方面对其进行分析。

按照位置分类对里院的楼梯进行考察，可以初步分为室内与室外两大类，其中有109个里院含有室内楼梯，216个里院含有室外楼梯。在109个有室内楼梯的里院里，其中97个里院的室内楼梯是分布在房间与房间之间或者平面的转角部位（图1），12个里院拥有在走廊里或突出在走廊外但封闭的楼梯（图2）。而室外楼梯的分类更加复杂。含有有顶棚室外楼梯的院子有28个（图3），而无顶棚的楼梯占绝大多数有188个（图4）。以室外楼梯分布位置分类，楼梯居于院落角部或端部的有145个里院（图5）；楼梯处于中心区域的有65个里院（图6）；前两者都含有的里院有6个；还有10个里院的楼梯分布位置比较特殊（图7），和上述情况都不太一样。

楼梯的材质分为木质和非木质两种。含有木质楼梯的里院有84个（图8），而含非木质楼梯的里院占大多数，有237个（图9），其中材料大多为混凝土、石材、砖结构加水泥抹灰，由于不能精确判断其中具体属性所以都归为非木质。

按样式分类，里院楼梯分为单跑楼梯、双跑楼梯、混合式楼梯和其他。含有单跑楼梯的里院最多，有163个（图10）；含有双跑的里院数量紧随其后，有121个（图11）；混合式楼梯是由单跑楼梯与双跑楼梯组合而成的楼梯，大多情况是有一小节单跑上到一个平台之上然后双跑上到之上的楼层，这样的楼梯在11个里院出现过（图12）；最为复杂的是最后这种，不知如何称呼，楼梯的空间构成非常复杂，不是简单地单双跑结合，不易归类，这里都归为其他项，例如有一边上两边分的Y字形楼梯（图13），有两边上到中间再合为一跑的楼梯（图14）。其中由刘铨法设计的武定路5~7号贻清里和俄国建筑师弗拉基尔·尤力甫设计的四方路19号院楼梯形式十分独特（图15~图18），丰富了矩形院落空间，此类构造的楼梯在26个里院出现过。

按照里院内楼梯的数量进行分类，分为只含一座楼梯、含有两座楼梯、含有三座楼梯、含有四座楼梯、含有五座及其以上楼梯和楼梯数目不详六类。只有一座楼梯的里院有100个；有两座楼梯的有92个（图19）；三座楼梯的有21个；有四座楼梯的有7个；有五座及其以上楼梯有的10个；楼梯数目不详的有81个。

图1 位于房间与房间之间的室内楼梯

图2 位于走廊上的室内楼梯

图3 室外有顶的楼梯

图 4　室外无顶楼梯

图 5　楼梯位于院子的端角部位

图 6　楼梯位于边的中部

图 7　楼梯连接了两个有高差的院子

图 8　木质楼梯

图 9　混凝土材质的楼梯

图 10　单跑楼梯

图 11　双跑楼梯

图 12　单双跑结合型楼梯

图 13　Y 字形楼梯

图 14　形态特殊的楼梯

图 15　四方路 19 号的复杂楼梯

图 16　四方路 19 号楼梯

图 17　四方路 19 号的屋顶楼梯

图 18　四方路 19 号楼梯的细部

图 19　一院两个楼梯

青岛里院的构成之外廊分析

里院作为一种单元组合式住宅典范，其公共走廊必然为利用价值最高的空间之一，是解决水平交通最重要的手段。本部分将对外廊的形式、材质、样式等细部特征进行分析（图1）。

对被调查的所有建筑的外廊进行列表分析等大量工作之后，通过观察可以发现，大多数里院都是在院内空间布置了半开敞式的外廊。在所有调研对象中，拥有全封闭式外廊的里院建筑有23个，例如上海路55号（图2）、济宁路38号和潍县路60号，这些里院的外廊形成封闭状态大都因为后期居民认为室内空间不够用而自行将外廊加窗进行封闭，从而改变了建筑外廊的原有面貌。

外廊的流线组织形式与里院建筑平面形态大致相同，简单概括分四种类型："口"型、"匚"型、"L"型和"一"型。其中"口"型外廊出现在81处里院之中（图3），"匚"型外廊出现在83处里院之中，"L"型外廊出现在34处里院中，而"一"型外廊出现在64处里院中。

外廊的材质分为木质和钢筋混凝土两种。如果将外廊材料的位置拆分为外廊扶手和竖向支撑柱两处，其中扶手材质为混凝土的里院有120处（图4），使用了木质材料的有123处（图5），使用金属材料的有13处（图6），其他里院使用了几种材料的搭配。竖向支撑的材料选用与扶手有所区别：大部分里院使用了木柱作为支撑，共有188处，其他里院中有33处使用了混凝土柱，19处既有混凝土柱又有木柱出现，有33处里院外廊没有竖向支撑，只采用横梁来实现承载，例如青城路3号（图7），而像吴淞路5号及黄岛路17号等则使用了金属材料作为竖向支撑。

外廊柱子与横梁大多数是红油漆粉刷，采用出檐的形式，檐板、木扶栏、外廊柱头处有雕花的在现存

里院中已经较为少见，部分里院中的外廊因为木头多年被雨水侵蚀腐烂，经过大修后被用水泥加固。

在调研的里院之中，有111处里院出现了外廊柱与梁交接处的斜撑，常见的施工做法是将木制外廊一端用木制斜撑支撑，斜撑支在石材上，再将石材埋入墙体。值得一提的是，14处里院采用了圆弧形的木材构件代替斜撑，现在尚不知这种构件是否有结构上的作用。

在北京路5号（图8）大鸿泰的调查访问中，据被采访的一位出生在里院的张老先生回忆，以前的外廊不仅有雕花而且还有彩绘，但在现存里院中未发现还有彩绘的外廊，而多为红油漆的木质状态。这些红油漆木质的现状很有可能是后来进行涂抹的，而张老先生所描述的彩绘场景，有可能随着时间的变迁已经被埋藏在红油漆下面了。不过，如张老先生所描述的外廊檐板仍保留有雕花的景象在调查过程当中还是屡有发现的，例如陵县路31号有余里（图9、图10）以及河北路9号（图11、图12）的里院当中外廊雕花仍有保留。根据统计，现仅有16处里院仍保留有外廊雕花。

另外，在对外廊的考察过程中发现有很多居民为了扩大自家的居住面积或者为了改善居住条件，将家里的一部分功能在外廊上面进行了加建，如将自家门外的外廊封上加窗作为阳台或者简易厨房使用，例如平度路45号（图13）以及长山路13号里院（图14、图15）等。这样的做法已经将原来作为消防疏散的外廊回路打破，成为目前安全疏散的隐患。还有的住户因为自己空间较小，将外廊吊顶作为储物空间，例如高密路38号（图16）。

图1　里院建筑的公共走廊

图2　上海路55号被改造的外廊

图3　高苑路32号采用的"口"形外廊

图4　长山路17号的混凝土扶手

图5　高苑路2号的木质扶手

图6　吴淞路5号的金属外廊

图7　青城路3号外走廊没有明显竖向支柱

图8　北京路5号的公共走廊现为混凝土柱支撑

图9　陵县路31号的公共走廊

图10　陵县路31号走廊的雕花样式

图11　河北路9号的外走廊

图12　河北路9号走廊的雕花样式

图13　平度路45号的外廊现状

图14　长山路13号的外廊改造

图15　长山路13号的外廊改造

图16　高密路38号走廊上搭有隔板

273

青岛里院的构成之屋顶分析

青岛里院作为一种独特的居住建筑形式，其屋顶部分是其特别之处的集中体现。本文主要针对青岛里院建筑屋顶的形式，屋顶上的烟囱(图1)和天窗进行分析。

青岛里院的屋顶形式可分为坡屋顶和平屋顶两种，其中坡屋顶占绝大多数，是典型青岛里院屋顶的形式，即以西式木屋架支撑起的、以红色平瓦铺挂的坡屋顶（双坡较多，单坡较少）(图2)。坡屋顶会在室内与廊道的交界处出现转折，坡度变得更缓(图3)。有时会出现坡屋顶与平屋顶的组合形式，形成露台(图4)。

屋顶上的特殊元素为烟囱和天窗。烟囱(图5、图6)为青岛里院的主要特征，这一烟囱形式在中国的传统居住建筑中是见不到的，而在欧洲一些国家普遍出现。典型的青岛里院式烟囱(图7~图10)主要分为三个组成部分，从上到下依次为裸露的铁质金属烟管，混凝土浇铸成的垂直地平线竖立的基座以及与屋顶连接过渡的砂浆抹灰部分。露出的混凝土基座下底面与屋顶倾角一致，上底面与水平线保持平行。有些

烟囱省略混凝土基座部分，较为简易地使金属烟道直接冲破屋顶，在结合处为混凝土抹灰。烟囱的形式分为以下四种，一基座单烟管(图11)、一基座多烟管(图12)、一基座无烟管(图13)以及无基座(图14)。烟囱在屋顶的放置位置及形式主要为平行于屋檐、垂直于屋檐、置于屋檐上、置于屋脊、置于纵墙上方(图15)五种类型。特殊的烟囱形式也少量存在。

天窗也是青岛里院建筑屋顶形式的主要构成元素，分为平天窗(图16)和侧天窗(图17)两种。根据调研中的多项案例对比，推测出平天窗多由废弃烟囱的洞口改造而成。侧天窗大小不一，一些较大的甚至可以被称为阳台了。

通过统计分析可以发现，在经过实际调研与后期筛选最终确认的所有282个里院中，坡屋顶的有272个，平屋顶的有10个；有天窗的为93个，无天窗的为178个，因无法采集足够信息无法确认是否有天窗的为11个。

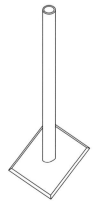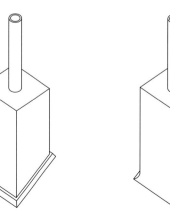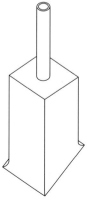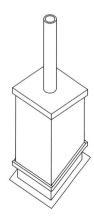

图1 四种典型的青岛里院式烟囱

图 2　典型的青岛里院屋顶

图 3　屋顶坡度在廊道上方出现变化

图 4　坡屋顶与平屋顶的结合

图 5　青岛里院屋顶上的烟囱

图 6　青岛里院屋顶上的烟囱

图 7　典型的青岛里院式烟囱之一

图 8　典型的青岛里院式烟囱之二

图 9　典型的青岛里院式烟囱之三

图 10　典型的青岛里院式烟囱之四

图 11　一基座单烟管式

图 12　一基座多烟管式

图 13　一基座无烟管式

图 14　无基座式

图 15　置于纵墙上的烟囱

图 16　平天窗

图 17　侧天窗

青岛里院结构形式的演变

图1 长山路17号中包含了早期和晚期的里院特征，在一个院中形成了明显的对比

图2 济宁路39号中"Y"字形的室外楼梯

图3 高密路56号的楼梯间

通过对所有考察过的里院进行对比及归类，可以发现一些年代演变上的特征。建筑以自己的方式记录下当时的社会经济、政治和文化发展。建造的材料技术发展带来建造方式、建造结构以及建造形式的变化。结合文献，可以将青岛的里院发展归纳为早期、过渡期、后期三个阶段。早期里院定义在20世纪20年代以前，晚期定义在20世纪30年代以后，中间的10年期属于过渡期，而变化主要体现在里院的结构、层数和楼梯上（图1）。

早期的里院多为中国传统的砖木结构，不似欧人区有严格的结构规定。这种建造形式可以降低成本，并且建造相对快速。我们所调查的275个里院，这种形式的里院目前保留下来的最多，共有216个里院是砖木结构，如李村路14号、博山路9号等。在这些里院当中，较为普遍的做法是在一层使用砖作为支撑材料，而在二层或顶层使用木结构支撑，这样既可以保证整个里院底部结构的稳定性，同时又减轻了上层的自重，减少对于下面楼层的压力，同时使用木结构轻便快捷，且节省造价。其中也有一小部分里院的支撑结构全部采用木结构，如胶州路116号、即墨路53号等。这些全部使用木结构支撑的里院均为二层的里院，或局部有三层加高的二层里院，二层的形式也与当时法规的规定有关。

早期里院中走廊的木结构支撑呈现"Y"字形，木结构被粉刷成红色，部分里院的木结构支撑上保留有雕花等装饰纹样。根据《法规》里对于华人里院区的材料和结构"允许采用中国人的建筑形式，可以使用木框架的建筑结构"。因此才会在支撑结构中出现雀替和木枋这样有别于德国本土支撑的形式，反映了殖民化建筑在发展过程中的本土化情怀。

早期的木楼梯平面也呈"Y"字形横贯在院落中间（图2），将人流集中再分流至里院的两侧。楼梯的这种排布方式和中国人传统的生活习惯很有关系，有一种比较有理的说法是：传统的中国人不习惯高层建筑，而采用这种一层带有外廊的建筑方式，可以像中国传统住宅那样，满足人们通过室外走廊进入各个房间的需求。因此外廊的宽度作为一种直接的拿来，采用1米左右的传统外廊宽度，保证人的通过与停留。这种传统的居住方式同样影响了楼梯的设置，里院并不像西方采用内置楼梯，而将楼梯设置在院内，垂直向的交通通过室外楼梯过渡至走廊最后过渡至室内。

随着社会经济的发展，水泥材料的应用，后期的里院多为砖混和钢混结构，砖混或钢混结构也是欧洲殖民时期和新中国成立以后建造里院的一大特征，275个里院中现仍有59个为砖混或钢混结构，如聊城路91号、乐陵路104号等。砖混结构的使用使得里院从结构的角度可以突破二层的限制，达到更高的层数。在调查的里院中，费县路76号为5层里院，4层的里院也有11个，如四方路19号、北京路73号等。而后期随着中西方文化的相互融合，中国人开始越来越适应西方的生活方式，并开始学习西方先进的技术方法，照搬西方的建筑形式。楼梯间的形式开始出现，新建造的建筑就有了转角的楼梯间（图3），改建的建筑则放弃"Y"字形的楼梯，改为开放的楼梯间贴于建筑外廊一侧，如陵县路49号、北京路73号等。

过渡期的里院在结构、层数、楼梯的形式上则混合了两者的特点，或偏向早期，或偏向后期，呈现出一种混搭的建筑模式（图4、图5）。

图 4 吴淞路 50 号院混搭的建筑模式

图 5 长山路 17 号使用砖混结构的低层模式

本书执笔人名单一览

文字撰写：

第 1 章 青岛里院的概念及形成发展概述　　　　　　　　郭婧
第 2 章 对于青岛里院的调查　　　　　　　　　　　　　张捍平
第 3 章 三十三个案例
　　1. 武定路 5~7 号　贻清里　　　　　　　　　　　黄吉
　　2. 长山路 26 号　京达里　　　　　　　　　黄吉、张捍平
　　3. 易州路 25 号　　　　　　　　　　　　　　　　张捍平
　　4. 东阿路 16 号　　　　　　　　　　　　　　　　张捍平
　　5. 北京路 17 号　　　　　　　　　　　　　　　　贾昊
　　6. 中山路 87 号　　　　　　　　　　　　　　　　张捍平
　　7. 青城路 3 号　九洪里　　　　　　　　　　　　　黄吉
　　8. 宁波路 28 号　元吉里　　　　　　　　　黄吉、张捍平
　　9. 潍县路 19 号　　　　　　　　　　　　　　　　贾昊
　　10. 即墨路 13 号　福寿新邨　　　　　　　　黄吉、张捍平
　　11. 北京路 5 号　大鸿泰　　　　　　　　　　　　黄吉
　　12. 天津路 23 号　元善里　　　　　　　　　　　　张捍平
　　13. 博山路 19、21 号　　　　　　　　　　　　　　张捍平
　　14. 吴淞路 5 号　　　　　　　　　　　　　　　　贾昊
　　15. 中山路 101 号　　　　　　　　　　　　　　　张捍平
　　16. 芝罘路 42、50 号　　　　　　　　　　　　　　贾昊
　　17. 海泊路 23 号　立德里　　　　　　　　　　　　张捍平
　　18. 河南路 35、37 号　　　　　　　　　　　　　　张捍平
　　19. 高密路 56 号　广兴里　　　　　　　　　　　　张捍平
　　20. 芝罘路 6 号　安庆里　　　　　　　　　　　　张捍平
　　21. 四方路 19 号　平康东里　　　　　　　　　　　张捍平
　　22. 陵县路 43、45 号　　　　　　　　　　　　　　张捍平
　　23. 河南路 43 号　　　　　　　　　　　　　　　　贾昊
　　24. 宁波路 27 号　　　　　　　　　　　　　　　　张捍平
　　25. 博山路 9 号　　　　　　　　　　　　　　　　张捍平
　　26. 保定路 10 号　里院客栈　　　　　　　　　　　黄吉
　　27. 上海路 42 号　裕德里　　　　　　　　　　　　张捍平
　　28. 高苑路 3 号　　　　　　　　　　　　　黄吉、张捍平
　　29. 东平路 37 号　文兴里　　　　　　　　　贾昊、张捍平
　　30. 中山路 200 号　　　　　　　　　　　　　　　张捍平
　　31. 宁波路 37 号　起业里　　　　　　　　　黄吉、张捍平
　　32. 博山路 92 号　　　　　　　　　　　　　　　　黄吉
　　33. 黄岛路 17 号　平康五里　　　　　　　　　　　黄吉
第 4 章 研究分析
　　青岛大鲍岛里院形制探究　　　　　　　　　　刘晶、李喆
　　青岛里院建筑平面形态的分类研究　　　　　　　　贾昊
　　青岛里院的构成之入口分析　　　　　　　　　　张捍平
　　青岛里院的构成之楼梯分析　　　　　　　　　　黄吉
　　青岛里院的构成之外廊分析　　　　　　　　　　贾昊
　　青岛里院的构成之屋顶分析　　　　　　　　　　赵璞真
　　青岛里院结构形式的演变　　　　　　　刘晶、李喆、张捍平

书中图片拍摄：
郭婧
P8. 图 2-1/ 图 2-2/ 图 2-3
黄吉
P9. 图 2-4、P30、P59、P88、P90、P103 左上、P104、P120、P122、
P123、P126、P127、P138、P140、P141、P142、P143、P208、
P210、P212、P218、P224、P225 下、P226、P227、P246、P247、
P248、P256、P258 上、P259 下、P268. 图 4、P270. 图 2、　图 3、
P271. 图 4、　图 5、　图 7、　图 10、P273. 图 6、　图 7、　图 8、　图 13、
P275. 图 2、图 6、图 7、图 10、图 11、图 13
贾昊
P34 下、P60、P62、P63、P64、P80 上、P86、P89、P91、
P103 右 上、P115、P124、P153、P160、P182、P211、P222、
P225 上、P228、P230、P231、P249、P268. 图 1、P271. 图 18、
P273. 图 14、图 15、图 16、P275. 图 1、图 9、图 12、图 14、图 15
张捍平
封面、P3、P5. 图 1-4、P9. 图 2-5、P28、P33、P34 上、P36、P37、
P38、P40、P41、P42、P44、P45、P46、P48、P50、P51、P52、
P54、P55、P57、P58、P66、P68、P71、P73、P74、P75、P76、
P78、P80 下、P83、P85、P92、P94、P98、P100、P102、P103 下、
P105、P106、P108、P111、P112、P114、P116、P117、P118、
P119、P128、P130、P133、P134、P136、P137、P144、P146、
P147、P148、P149、P150、P152、P156、P158、P162、P164、
P167、P169、P170、P171、P172、P174、P175、P176、P177、
P178、P179、P180、P181、P185、P186、P188、P189、P190、
P191、P192、P193、P194、P195、P196、P198、P199、P200、
P202、P205、P207、P214、P215、P216、P217、P220、P221、
P232、P234、P235、P236、P238、P239、P240、P242、P245、
P250、P252、P253、P254、P255、P257、P258 下、P259 上、
P260、P268. 图 2、P269、P270. 图 1、P271. 图 6、图 8、图 9、
图 13、图 14、图 15、图 16、图 17、图 19、P273. 图 1、图 2、图 3、
图 4、图 11、图 12、P275. 图 3、图 5、P276. 图 1、图 3、P277
赵璞真
P47、P184、P268. 图 3、P271. 图 11、　图 12、P273. 图 5、　图 9、
图 10、P275. 图 4、图 8、图 16、P276. 图 2

书中图纸绘制：
黄吉
P31、P32、P35、P109、P110、P131、P132、P135、P154、
P155、P163、P166、P168、P243、P244
贾昊
P267
刘晶
P265. 图 2、图 3、图 4、图 5、图 6
王智峰
P56、P69、P70、P71、P72、P73、P79、P81、P82、P84、
P95、P96、P97、P203、P204、P206
张捍平
P11-P25、P30、P40、P44、P54、P68、P78、P88、P94、P102、
P108、P114、P122、P130、P140、P146、P152、P162、P174、
P188、P193、P198、P202、P210、P214、P224、P235、P242、
P247、P252
赵璞真
P274

后记

本书能够顺利出版首先要感谢北京建筑大学的领导及各部门所给予的大力支持。同时也要感谢北京建筑大学建筑设计艺术研究中心建设项目的支持。

这项研究工作从开始的前期准备到现场的实地调查与测绘，以及再到后期的资料整理与书籍出版，每一个环节都凝聚着老师及同学们的辛勤工作和不懈努力。在前期的调查和准备过程中，郭婧同学做了大量的基础性工作，为我们的调查和进一步研究提供了宝贵的基础资料和信息。在实地调研阶段，郭婧、贾昊、赵璞真、黄吉等几位同学在有限的时间内完成了对一个庞大范围内的里院的实地梳理工作，并进行了大量的现场记录，建筑设计艺术研究中心的王昀老师对整个研究过程给予了悉心的帮助和指导，谨此深表谢意。

与此同时还要感谢沈元勤社长、王莉慧副总编，以及本书责任编辑徐冉女士对本书的出版所给予的帮助和支持。

需要说明一点的是，本书所收录的内容仅仅是所调查的 275 处里院中有代表性的三十三个案例，其他里院的资料还在陆续整理，并期待有机会与大家分享。

北京建筑大学建筑设计艺术研究中心
世界聚落文化研究所

图书在版编目（CIP）数据

青岛里院建筑 / 北京建筑大学建筑设计艺术研究中心　世界
聚落文化研究所著.--北京：中国建筑工业出版社，2015.3
　ISBN 978-7-112-17978-7

　Ⅰ．①青…　Ⅱ．①北…　②世…　Ⅲ.　①民居-建筑艺术-青岛
市　Ⅳ．①TU241.5

中国版本图书馆CIP数据核字（2015）第061998号

感谢北京建筑大学建筑设计艺术研究中心建设项目的支持

责任编辑：徐　冉
责任校对：姜小莲　关　健

青岛里院建筑

北京建筑大学建筑设计艺术研究中心
世界聚落文化研究所

*

中国建筑工业出版社出版、发行（北京西郊百万庄）
各地新华书店、建筑书店经销
北京顺诚彩色印刷有限公司印刷

*

开本：787×1092毫米 1/12 印张：24 字数：416千字
2015年6月第一版 2015年6月第一次印刷
定价：128.00元
ISBN 978-7-112-17978-7
（27216）